사라진 동물들을 찾아서

사라진 동물들을 찾아서

Raphus cucullatus

우리가 잃어버린 생명들, 그 흔적을 따라 걷다

마이클 블렌코우Michael Blencowe 지음
제이드 데이Jade They 그림
이진선 옮김

미래의창

차례

서문
부스 자연사박물관 7

1장 *Pinguinus impennis*
큰바다쇠오리 23

2장 *Phalacrocorax perspicillatus*
안경가마우지 43

3장 *Hydrodamalis gigas*
스텔러바다소 59

4장 *Upland Moa, Megalapteryx didinus*
고원모아 79

5장 *Huia, Heteralocha acutirostris*
불혹주머니찌르레기 103

6장 *Callaeas cinereus*
남섬코카코 125

7장 *Glaucopsyche xerces*
서세스블루 147

8장 *Chelonoidis abingdonii*
핀타섬땅거북 167

9장 *Raphus cucullatus*
도도 191

10장 *Rucervus schomburgki*
숌부르크사슴 213

11장 *Edwardsia ivelli*
이벨의말미잘 233

지도 248

박물관 250

구호단체 252

감사의 말 254

부스 자연사박물관

부스 자연사박물관

현재 시각 12시 3분 전. 이곳은 늘 12시 3분 전이다.

나는 언제나 희망을 가지려고 노력했지만 이제 마지막 순간의 초읽기에 들어갔다는 느낌을 도저히 떨쳐낼 수 없었다. 나는 언제라도 경기종료 휘슬이 울리면 내 삶이 와르르 무너져 내릴지 모른다는 근거 없는 믿음에 일생동안 얽매여 왔다. 그래서 만일을 대비해 장기적인 계획을 세우거나 할 일을 내일로 미루길 피해왔다.

그런데 요즘 뉴스를 보면 나의 불길한 예감은 미친 망상이 아니라 이 시대에 대한 당연한 반응으로 느껴질 정도다. 어린 시절 나는 이 세상이 누구도 파괴할 수 없을 만큼 광활하고 안정적이라고 생각했지만 텔레비전 앞에 앉아 숲이 불에 타고 만년설이 녹는 모습을 보면 세상은 오히려 연약하고 부서지기 쉬우며 조금은 좁게까지 느껴진다.

미래가 희망차다고 생각하는 사람들이 있다면 미안하지만 나는 그들의 낙관주의에 공감할 수 없다. 사실 요즘 나는 갈수록 내 자신이 지구상의 다른 78억 명의 호모 사피엔스들과 동떨어져 표류하고 있다는 느낌이 든다. 그리고 세상을 파괴하기로 작정한 듯한 인류 집단에서 완전히 벗어나 다른 종과 동맹을 맺으면 어떨까 하는 생각을 하기도 한다. 땅돼지는 어떨까? 땅돼지는 하루 종일 굴 안에 숨어 있다가 밤에 슬그머니 빠져나와 개미나 오이를 먹는 것만으로도 충분히 행복해 보이니 말이다.

요즘처럼 모든 일이 심히 절망적으로 느껴지는 때에 나는 줄곧 이곳에 서서 붉은 벽돌로 지어진 낡은 빅토리아 시대 건물을 정면으로 올려다보곤 한다. 장식 아치 위에 높이 매달려 있는 청록색 테두리의 시계는 12시 3분 전을 가리키고 있다. 30년 전 내가 처음으로 이 장소에 서 있었을 때도 시간은 12시 3분 전이었고 모두의 기억 속에서 이곳은 언제나 12시 3분 전일 것이다. 누군가 망가진 시계의 녹슨 톱니바퀴 장치를 고쳐주길 바란다는 뜻은 아니다. 움직이지 않는 시계바늘은 이곳을 이토록 변함없이 독특하고 특별한 장소로 만들어주는 요소 중에 하나라고 할 수 있다. 30여 년간 이 건물은 내 삶의 도피처가 되어주었는데 요즘 나는 그 어느 때보다 이곳이 간절하다. 나는 목재로 만든 선홍색 문을 통과해 부스 자연사박물관으로 들어섰다. 그러면 새로운 세상이 펼쳐진다.

· · ·

부스 박물관에는 이곳만의 독특한 조명과 기후, 시간이 있다. 잠시 멈춰 눈을 감은 나는 침묵을 만끽하며 바깥세상이 희미해지길 기다렸다. 눈을 뜨자 안내 데스크 직원이 책자를 아래로 내린 채 안경 너머로 나를 수상쩍다는 듯이 주시하고 있었다. 고갯짓으로 조심스레 인사하는 직원에게 웃음으로 응답하자, 그 직원은 엄지 손가락으로 수동 계수기를 딸깍 눌러 오늘의 총 방문자 수에 나를 추가했다. 나는 부스 박물관에서 또 한 명의 방문자일 뿐이다.

특별한 이 박물관은 가로수가 늘어선 주택가 다이크에 있다. 다이크 가는 영국에서 가장 사랑받는 풍경으로 손꼽히는 서섹스주 사우스다운 지역의 롤링초크 언덕과 브라이튼 시를 연결하는 곳이다. 부스 박물관은 1874년에 조류학자 에드워드 부스Edward Booth가 세웠다. 부스는 새를 사랑했고 그 열정을 돌고래 모양 공이치기와 다마스쿠스 강철로 만든 총신이 달린 8구경 쌍열 산탄총으로 불태웠다. 박물관 진열장에는 부스가 사냥감을 쫓으며 축축한 습지와 황무지를 헤맬 때 착용하던 낡은 방수샌들과 방수모자, 총이 전시되어 있다. 부스의 꿈은 영국에 사는 모든 종의 새 깃털 표본을 모아 전시하는 것이었다. 강인한 눈매에 수염을 기른 부스가 잘 차려입고 포즈를 취한 사진이 보였다. 부스는 사냥하기 까다로운 울새를 총으로 맞혀 박제한 뒤 수집품으로 장식하는 상상이라도 하는 듯 카메라 너머를 응시하고 있다.

지금이라면 비난받아 마땅하겠지만 빅토리아 여왕의 제위 3년 후인 1840년에 태어난 부스의 행동은 전형적인 19세기 동물학자의 모습이었다. 빅토리아 사회는 자연의 아름다움에 심취했는데 자연물을 갈망하고 수집하고 분류함으로써 그 감탄을 표현했다. 새나 나비, 양치식물, 알, 해초, 껍데기 등 무엇이든지 상관없었다. 빅토리아 시대 사람들은 손에 잡히는 대로 죽이고 가죽을 벗기고 박제하고 누르고 핀으로 고정했다. 국내외를 막론하고 다양한 장소에서 얻은 수집품과 골동품들은 그들의 부와 지위, 지력을 보여주는 도구였다. 박물관 입구 바로 앞에는 어둑하게 불을 밝힌 빅토리아 가정집의 전형적인 응접실을 복원한 전시실과 진열장이 있다. 어둑한 조명 아래 자리한 유리 돔 안에서 열대조류의 날개가 무지갯빛으로 어른거린다. 윤이 나는 마호가니 진열장 수납함 안에는 메탈릭 블루 색상의 나비가 세심하게 열을 맞추어 나란히 놓여 있다. 빅토리아 시대의 수집 활동은 시간과 돈, 수단이 수반되는 특정인들의 집착으로 변모했다. 시골의 성직자나 제국의 최전방에서 갓 은퇴한 대령, 혹은 에드워드 부스의 경우처럼 상당한 유산을 물려받은 사람들이었다. 조류와 관련한 소장품이 늘어나 집 전체를 가득 채울 지경이 되자 부스는 넘쳐나는 취미거리를 보관하기 위해 이 박물관을 세웠다. 하지만 다른 빅토리아 시대의 박물관들이 엄격한 과학적 분류법에 따라 새들을 반듯하게 줄 맞추어 진열장에 채워 넣었던 반면, 부스는 3차원 입체모형으로 복제한 자연서식지 안에 조류 표본을 특정 자세로 고정해 전시한 개척자였다. 농장 울타리를 복제한 모형 안에서 노랑멧새가 침묵을 노래한다. 바다오리와 레이저빌(가위제비갈매기)은 조각된 바위 절벽 위에서 서로를 밀치고, 급강하하는 종다리 두 마리는 포식자인 담비로부터 자신의 둥지를 지킨다. 각 입체모형 안에서 각기 다른 종의 동물들이 부스가 앗아간 삶을 재

현하며 그 순간 속에서 영원히 살아가는 것이다. 1890년에 세상
을 떠난 부스는 박물관을 브라이튼 주민들에게 남겼다.

• • •

전시장을 돌아보는 동안 천 개의 유리 눈이 나를 바라보고 있었
다. 복도 끝에서 반대편 끝까지 내 키를 훌쩍 넘는 유리벽 너머,
바닥부터 천장까지 포개진 부스의 입체모형은 저마다 영국에 사
는 새들의 사생활을 흥미롭게 표현하고 있다. 현재 부스 박물관
에 있는 새는 부스가 수집했던 수보다 많다. 시간이 흐르며 문을
닫은 지역의 다른 박물관에서 주인을 잃은 전시물들을 받아들인
부스 박물관은 사망한 성직자와 대령, 수집가들의 마호가니 진열
장 보관소로 탈바꿈했다. 부스 박물관은 탄저균의 현미경 슬라이
드부터 얼룩말과 같은 기마 포유동물까지 100만 개에 달하는 엄
청난 자연사 표본들을 천천히 흡수해 축적해나갔다. 그 결과, 현
재는 공룡을 사랑하는 어린이들부터 과학 연구자를 비롯해 나처
럼 이 훌륭한 박물관이 제공하는 영감과 지식, 현실도피를 소중
히 여기는 모든 사람들을 위한 특별한 장소가 되었다.

　이곳에는 누군가가 들어주길 기다리는 100만 개의 이야기가
있다. 기념품 가게에 들어서면 유명한 동물학자 데이비드 아텐버
러David Attenborough의 활동책자와 깜찍한 삼엽충 위쪽에 내가 가장

좋아하는 위협적이고 가공할 만한 전시물이 모습을 드러낸다. 말
도 안 되게 큰 손바닥처럼 생긴 2.75미터 길이의 이 뿔은 한때 세
계에서 가장 거대했지만 7,500여 년 전에 멸종한 큰뿔사슴의 것
이다. 이 인상적인 사슴뿔이 아일랜드의 토탄 늪에서 완벽하게
보존된 상태로 처음 모습을 드러냈을 때 그 뿔의 주인인 큰뿔사
슴을 아무도 본 적이 없다는 사실에 모두가 당황할 수밖에 없었
다. 1697년, 듀블린 인근에서 발견된 일부 뿔을 조사한 아일랜드
의 의사 토마스 몰리뉴 박사는 이 거대한 사슴이 아일랜드에서는
더 이상 발견되지 않지만 '지구상의 다른 지역'에서는 여전히 존
재할 수도 있다고 발표했다. 적당히 애매하고 그럴듯한 설명이었
다. 어찌되었든 세계는 굉장히 거대하므로 아직까지 탐험하지 못

한 광대한 지역 어딘가에 이 우스꽝스러운 뿔을 가진 사슴이 숨어 있을 수도 있다. 어쩌면 말이다. 몰리뉴는 이렇게 덧붙였다. "이 세상에서 완전히 사라질 정도로 완벽하게 멸종된 종은 없다."

인류 역사의 상당 기간 동안 멸종은 상상하기 힘든 발상으로 여겨졌다. 신이 6일 동안 이 완벽한 세상과 그 안에 사는 모든 것들을 창조했다는 믿음이 있었기 때문이다. 신의 창조물 중 일부가 제대로 기능하지 못해 사라졌다는 발상은 논쟁의 여지가 있는 정도가 아니라 신성모독이었다. 멸종은 신이 몇 가지 절차를 생략하고 창조물을 급하게 만들다가 약간의(?) 실수를 하는 오류를 범했다는 의미가 될 수도 있었기 때문이다.

부스의 '체험' 전시관에서 영화 〈쥐라기 공원〉 티셔츠를 맞춰 입은 어린 소년 두 명이 거대한 인도코끼리의 어금니를 작은 손가락으로 훑어보고 있다. 프랑스의 동물학자 조지 퀴비에Georges Cuvier는 손으로 코끼리의 치아를 훑어 돌기와 치관을 하나하나 연구하며 일생을 보냈다. 마리 앙투아네트가 단두대에서 처형되고 17개월밖에 지나지 않은 1795년의 봄에 그는 파리에 도착했다. 프랑스혁명이라는 최악의 공포가 지나갔음에도 퀴비에는 누구도 주목하지 않는 자신만의 혁명을 시작할 준비를 마쳤다. 퀴비에는 모두의 마음을 사로잡기 직전이었다. 퀴비에는 26세의 이른 나이에 '뼈의 교황'이라는 명성을 얻은 뛰어난 해부학자였다. 그에게 치아나 골반 뼈 한 조각을 주면 머릿속으로 동물의 모습 전

체를 재현할 수 있을 정도였다. 퀴비에는 1796년 4월 4일 파리에
서 처음으로 대중 강연을 하기 위해 무대에 섰다. 첫 번째 발표로
퀴비에는 코끼리를 분류했다. 퀴비에는 최초로 치아 구조를 비교
하여 인도코끼리와 아프리카코끼리가 실제로는 명백하게 다른
종이라는 사실을 밝혀냈다. 그것만으로도 놀라운 일이었지만 퀴
비에는 거기서 멈추지 않았다.

　내 앞에 두 소년은 코끼리 못지않게 거대한 두 번째 치아로 손
을 옮겼다. 전시물의 이름표에는 브라이튼 해안 지구의 백악암에
서 발굴한 20만 년 전의 치아라고 적혀 있다. 흥분한 소년들이 치
아의 주인이 어떤 생명체인지 확인하기 위해 판을 뒤집자 무언
가 거대하고 기이하고 털로 뒤덮인 생명체의 사진이 모습을 드러
냈다.

　한편 1796년의 파리에서 열린 젊은 퀴비에의 강연은 예상치
못한 방향으로 전개되었다. 그는 해부학 조사를 하던 중 새로운
후피동물(반추동물이 아닌 포유동물 중에서 가죽이 두꺼운 동물을 통틀어
이르는 말 - 편집자 주) 두 종을 발견했다고 발표하면서 북아메리카
의 마스토돈과 시베리아의 매머드를 세상에 선보였다. 퀴비에의
폭탄과도 같은 선언에 관객들은 경악을 금치 못했다. 아마도 "몽
듀(신이시여)!"라고 중얼거렸을지도 모르겠다. 그는 매머드와 마
스토돈이 '우리가 존재하기 이전의 세상'에서 멸종했으며 이제
사라져 다시 돌아오지 못한다고 말했다. 멸종을 선언한 것이다.

그는 사라진 세상을 공개하는 문을 열어젖혔는데 그의 말을 빌리자면 "기꺼이 뒤따르려는 천재들을 위해 새로운 고속도로"를 개통한 것이다.

사라진 세상을 향한 퀴비에의 초대를 흔쾌히 받아들지 못한 사람들도 있었다. 미국의 세 번째 대통령인 토마스 제퍼슨은 멸종이라는 새로운 개념을 거부했다. 사실 제퍼슨 대통령은 광활한 미국 서부의 미지의 땅에 마스토돈이 아직 살고 있을 것이라고 믿었다. 심지어 1803년에 태평양을 향해 개척 탐험을 떠나는 탐험가 루이스와 클락에게 엄니를 가진 큰 털북숭이 동물을 찾아보라고 지시했다. 그러나 마스토돈과 조우하기에는 1만 년이나 늦게 출발한 셈이었다.

한편 퀴비에의 발견은 마스토돈과 매머드에서 멈추지 않았다. 골격을 연구하고 직접 파리의 채석장을 발굴한 끝에 퀴비에는 자신만의 멸종동물 동물원에 큰뿔사슴과 거대나무늘보, 동굴곰과 같은 새로운 동물들을 추가해나갔다. 19세기 초에는 영국의 화석 수집가 메리 애닝과 윌리엄 버클랜드, 기디언 맨텔이 기괴한 상상 속 괴물들의 뼈를 끄집어내기 시작했다.

기디언 맨텔Gideon Mantell은 부스 박물관의 진열 선반 하나를 통째로 차지한 지역의 영웅이다. 시골의사였던 맨텔은 영국 루이스의 시장도시 근처에서 태어났고 그곳에 살면서 일을 했다. 하지만 그의 가장 유명한 발견은 박물관에서 북쪽으로 18킬로미

터 떨어진 곳에서 이루어졌다. 그의 발견이라고 말하긴 했지만 실제로는 아내인 메리의 업적이라는 견해가 일반적이다. 메리는 1820~1821년 즈음 어느 날 아침에 길가의 돌무더기 속에서 특이한 무언가를 발견했다. 큰 갈색의 치아로 밝혀진 이 '특이한 무언가'는 역사상 가장 중요한 발견으로 손꼽힌다. 이 치아는 맨텔이 이구아노돈을 발견하여 조사하고 연구하게 된 계기였으며 우리 모두를 공룡의 땅으로 이끌어 주었다.

• • •

부스 박물관의 또 다른 전시실 모퉁이에서 나는 새로운 전시물을 발견했다. 가지각색의 뼈와 알, 박제된 동물 수집품으로 이루어진 이 전시물들은 채색된 진열장의 유리 선반 위에 놓여 있었다. 보자마자 전시물들의 정체를 알아챈 나는 오래 전 어린 시절의 장난감 상자를 막 열어본 듯한 익숙함에 마음이 따뜻해졌다. 그리고 수년간 입에 올리지 않았던 단어들을 은밀한 고대의 주문처럼 내뱉어보았다. "모아, 후이아, 틸라신, 바다쇠오리, 에피오르니스, 코뉴어, 코카코." 전 세계의 생명체들을 대표하는 이 유물들은 한 가지 비극적인 특성을 공유한다. 바로 큰뿔사슴과 매머드, 마스토돈, 이구아노돈과 마찬가지로 모두 멸종했다는 것이다.

　내가 이 멸종동물들이 한데 모여 있는 모습을 본 기억은 어린 시절에 몰두하여 읽었던 책이 마지막이었다. 당시에 학교 친구들은 축구선수들을 숭배했다. 친구들은 축구선수와 같은 색 옷을 입고 스티커 앨범을 축구선수 얼굴로 가득 채웠지만 나는 축구만큼 지루한 게 없다고 생각했다. 아직도 그 생각에는 변함이 없다. 내가 열광하는 팀은 이미 멸종한 채로 책 속에만 존재하고 있었다. 나는 각 동물들의 삶과 죽음을 속속들이 꿰고 있었다. 멸종된 동물들의 이야기에는 영웅과 악당, 수수께끼의 섬, 깊고 어두운 숲과 관련된 모험과 발견의 서사시가 얽혀 있다. 그리고 그 이야기들은 따분한 골목 끝에서 나를 이끌어내 멀고 먼 곳으로 데려가주었다. 나는 좀 더 가까이 다가가 그 동물들의 신성한 유해를 참배하고 그들이 한때 살았던 머나먼 땅을 탐사하고 싶었다. 죽은 동물들로 이루어진 소장품은 이상하리만큼 경외심을 불러일으킨다. 이 전시물에는 다시 뭉친 나의 옛 팀을 만난 것처럼 나를 끌어당기는 강력한 무언가가 있었다. 하지만 이 멸종 연합 팀에는 간판선수가 빠져 있었다. 바로 죽음과 아주 밀접한 이름을 가진 멸종 동물이다. 나는 전시실 반대편 끝에서 나를 기다리는 그 동물을 보기 위해 몸을 돌렸다. 환한 조명 아래 실물 크기의 모조 뼈대와 함께 몇 안 되는 동물의 실제 뼈가 전용 진열장을 차지하고 있었다. 바로 특별한 새, '도도'다.

• • •

그날 밤 나는 어둑한 다락방 구석을 뒤져 유년 시절의 책 상자를
꺼냈다. 그리고 부스의 전시실에서 본 동물들을 비롯해 부스 박
물관의 진열장에서 한 자리를 차지할 자격이 있는 다른 멸종동물
들을 다시 살펴보았다. 익숙한 삽화와 그림을 다시 보니 미래가
하얀 도화지와도 같았고, 나의 세계가 광활하고 가능성으로 가득
한 미개척 지대로 느껴졌던 시절의 기억들이 되살아났다. 어린
시절에 나는 몰리뉴와 제퍼슨 대통령처럼 거대 생명체들이 아직
발견되지 않고 존재할 만한 장소가 어딘가에 있을 거라고 생각했
다. 히말라야의 설인 예티에 대한 다큐멘터리를 보며 눈이 휘둥
그레졌던 기억이 난다. 어린 시절의 나는 외딴 산맥에 아직 유인

원을 닮은 생명체들이 살고 있을 것이라 믿었다. 그러나 나이가 들면서 나의 꿈은 마법을 깨트리는 이성의 손길에 타락하고 말았다. 내 유년기의 깊고 어두운 숲과 수수께끼의 섬은 이미 모든 개척과 개발이 끝났다. 그리고 해가 지날수록 내가 꿈꾸었던 세계는 점차 작아졌다. 이제는 어떤 곳에서도 내가 꿈꾸었던 세계의 나머지 조각을 찾을 수 없을 것 같았다.

매주 나는 시간이 흐르지 않는 장소로 도망치는 나 자신을 발견한다. 그곳은 언제나 12시 3분 전으로 시간이 멈춰 있다. 나는 부스 박물관 안에서 잠시 멈추었고 멸종동물들의 진열장에서 기이한 편안함을 느꼈다. 내가 이 동물들에게 유대감을 느낀 이유는 무엇일까? 나는 진열장 안에 있는 그 동물들과 동류인 걸까? 나 역시도 오래된 유물처럼 '시간이 다한 남자', '멸종 직전의 종'이라고 적힌 꼬리표를 달고 있는 걸까? 아니, 그렇지 않다. 털과 피부, 깃털, 뼈로 이루어진 이 소장품들은 소년 시절 내가 스스로에게 약속했던 모험을 일깨워주며 내 안에 무언가를 불태웠다. 이곳에 멸종동물들과 함께 서면 마치 아직 내 시간이 다하지 않은 것처럼, 내가 다시 처음으로 돌아간 듯 느껴지는 것이다.

1장

Pinguinus impennis

큰바다쇠오리

큰바다쇠오리 Pinguinus impennis

앞으로 한걸음만 내딛는다면 나는 이대로 떨어지고 말 것이다. 이 바위절벽은 내 발끝 몇 센티미터 앞에서 뚝 끊어져 저 멀리 파도가 넘실대며 부서지는 아래로 끊임없이 곤두박질칠 듯 깎아지르는 낭떠러지다. 나를 이곳으로 안내한 GPS는 깜박이며 67미터 아래에 있는 암석이 최종 목적지임을 알렸다. 나는 GPS의 안내를 무시하고 몇 발자국 뒤로 물러섰다. 움켜쥐고 있던 종이 묶음이 바다에서 곧장 날아온 갑작스러운 돌풍에 들썩였다. 복사한 지도 한 움큼과 갈겨쓴 길 안내서, 잘생긴 치과의사가 쓴 빈약한 이론을 인쇄한 것들이다. 첫 장에는 분홍색 형광펜으로 51.1781°N, 4.6673°W라고 쓰여 있다. 런디 섬에 있는 외딴 절벽 가장자리를 우리 행성의 정확한 위치로 표기한 좌표였다.

지면이 평탄하고 사방이 가파른 화강암 구조로 이루어진 5킬로미터 길이의 런디 섬은 끝으로 갈수록 좁아지는 영국의 남서 반도와 웨일즈를 분리하는 길쭉한 브리스틀 해협 중앙에 홀로 자리하고 있다. 브리스틀 해협은 오랫동안 해적의 잦은 출몰로 악명이 높았고 야생동물, 특히 매년 여름에 섬 절벽의 둥지로 돌아오는 수천 마리의 바다새로 유명하다. 런디 섬은 내가 태어난 데본 주에서 페리로 2시간이면 갈 수 있다. 어린 시절 나는 토요일마다 쌍안경을 목에 걸고 데본의 야생지역에서 새를 찾아다니며 시간을 보냈다. 새로운 발견을 할 때마다 나는 내 침실 벽에 붙여둔 '데본의 새들'이라는 체크리스트 위에 위풍당당하게 엑스 표시를 해나갔다. 그 목록에서 유선형 몸매를 가진 바다새의 일종 인 바다쇠오리는 비둘기와 제비갈매기 사이에 있었다. 그리고 데 본의 새 목록 중에서도 나를 깜짝 놀라게 한 이름, 큰바다쇠오리 가 그 안에 있었다. 큰바다쇠오리는 브리튼 섬과 유럽을 비롯한 어느 곳의 도감에서도 찾을 수 없었다. 그저 멸종한 동물에 관한 내 책에서 국제적으로 멸종한 마지막 영국의 새로만 존재했다. 하지만 내가 꿈속에서나 떠올려 보았던 뉴질랜드와 갈라파고스, 모리셔스와 같은 먼 지역에 살던 멸종동물들과 달리 큰바다쇠오 리는 데본 주 아주 가까이에 실제로 존재했던 동물이다. 큰바다 쇠오리는 그저 단순히 멸종한 새 한 마리가 아니라 '나의' 멸종한 새였던 셈이다.

큰바다쇠오리가 데본에 살았다는 주장은 런디 섬의 한 목사와 커다란 알에 대한 이야기에 기반을 두고 있다. 런디 섬의 H.G. 헤 븐H.G. Heaven 목사는 명망 있는 학술지《주올로지스트》의 1866년 2월호에서 한때 자기가 어떻게 '거대한 알'을 소유했었는지 설 명했다. 그 알은 해마다 여러 바다쇠오리종의 알을 빼돌리던 한 섬 주민이 런디 섬에서 채취한 것이었다. 길레모츠Guillemots라고 도 불리는 바다오리, 레이저빌, 코뿔바다오리(퍼핀)와 같은 새들 은 런디 섬 절벽을 따라 수천 개의 알을 낳았다. 남자는 이 거대한 알이 아주 커다란 새 한 쌍의 알이라고 주장했는데, 섬 주민들은 "몸집이 아주 크고 왕처럼 용감하게 서 있다"고 하여 이 새들을

'바다새의 왕과 왕비'라고 불렀다고 한다. 이 새는 전혀 날지 않았고 그냥 물가에 머무르며 누군가 다가가면 '빠르게 종종걸음을 치며 물속으로 들어가' 버렸다고 한다. 다른 바다쇠오리과의 새처럼 절벽에 둥지를 틀지 않았고, '최고 수위보다 약간 위쪽에' 알을 낳았다. 섬주민은 최근에 알을 찾았기는 했지만 이 커다란 새들이 1820년대 초반부터는 런디 섬에 나타나지 않았다고 이야기했다. 결국에는 알이 깨져버려 증거는 사라졌지만 이야기는 기록으로 남았다.

큰바다쇠오리가 익숙하지 않은 사람에게는 '펭귄을 닮았다'는 표현이 새의 생김새를 설명하는 가장 쉬운 방법일 것이다. 털은 흑백이고 꼿꼿하게 서서 뒤뚱뒤뚱 걸으며 날지 못한다는 조건이 비슷하기 때문이다. 하지만 실상은 그리 단순하지 않다. 큰바다쇠오리가 펭귄을 닮았다기보다 펭귄이 큰바다쇠오리를 닮았다는 표현이 정확하다. 큰바다쇠오리는 원래 여러 가지 이름으로 알려졌는데 그중에 하나가 바로 '펭귄'이었다. 아마도 새의 눈과 부리 사이에 두드러지는 하얀 부분을 참고해 웨일스어(혹은 콘월어나 브르타뉴어)의 ('머리'를 뜻하는) pen과 ('희다'는 의미의) gwyn에서 따온 이름일 것이다. 혹은 단순히 펭귄에 대한 모욕적인 표현으로 '살찌고 어리석다'라는 뜻을 가진 라틴어 pinguis에서 유래했을 수도 있다. 마침내 북대서양의 선원들이 남반구에 도착해 펭귄과 비슷한 흑백의 새를 발견했을 때 그 새들은 모두 펭귄이라고 불렸고 그대로 이름이 정해지게 되었다.

　사실 이 남쪽의 펭귄들은 바다쇠오리와는 관련이 없다. 바다쇠
오리는 지구의 추운 북극해에 사는 24종의 새를 대표한다. 모든
바다쇠오리종이 한데 모여 가족사진을 찍는다면 큰바다쇠오리
는 소인국 릴리퍼트인들 사이에 서 있는 걸리버처럼 머리가 다른
새들보다 한참 위에 있을 것이다. 키 75센티미터에 최대 5킬로그
램의 몸무게를 가진 큰바다쇠오리는 방사선에 피폭되어 정상 크
기보다 7배로 커진 돌연변이 레이저빌을 닮았다. 큰바다쇠오리
의 엄청난 크기는 물리학으로 설명할 수 있다.

　크기가 큰 물체는 쉽게 가라앉는다. 그래서 큰바다쇠오리는 우
람한 몸뚱이로 더 깊이 잠수하여 오랫동안 물고기를 잡을 수 있
었다. 물고기만 먹는 동물에게 하늘을 나는 능력이 무슨 소용이
겠는가. 따라서 큰바다쇠오리는 비행능력을 포기하고 물속에서
유선형의 몸을 강력하게 밀어낼 수 있는 작은 근육질의 날개를
얻었다. 두툼하고 홈이 나 있는 멋진 부리도 빼놓을 수 없다. 물고
기를 움켜잡아 잘라내기에 적합했던 이 강력한 무기를 칭송하기
위해 큰바다쇠오리의 옛 이름을 '작살부리'라는 뜻의 고대 스칸
디나비아어 'geirfugl'의 여러 파생어 중 하나인 '게어파울'이라
고 지었을 정도다.

　큰바다쇠오리는 바다의 지배자로 진화했지만 바다 속에서는
알을 낳을 수 없다는 작은 결함을 지니고 있었다. 매해 여름 두 달

간 큰바다쇠오리는 단단한 땅 위에 알을 낳기 위해 위험천만한 육지로 향해야 했다. 이 새들은 경사진 해안선이 있어 비교적 안전하고 접근이 쉬운 외딴 섬을 선호했다. 하지만 큰바다쇠오리를 완벽한 수중 사냥꾼으로 만들어주었던 적응특성은 물가로 올라와 마주하게 된 포악한 천적 앞에서는 매우 취약했다.

나는 9살에 아버지와 함께 런디 섬으로 당일치기 여행을 떠난 적이 있다. 그곳에서 가파른 절벽에 옹기종기 모여 있는 바다오리와 레이저빌 수천 마리를 보며 하루를 보냈고 코뿔바다오리도 처음으로 보았다. 작고 땅딸막한 코뿔바다오리 보초병은 자기 영역의 굴을 지키고 서 있었다. 나는 매일 한때 큰바다쇠오리가 서 있었을 장소를 찾는 상상을 하곤 했다. 그러나 커가면서 점점 헤븐 목사의 이야기가 진짜인지에 대해 의심이 생기기 시작했고, 그렇게 런디 섬의 큰바다쇠오리는 산타클로스나 설인 예티와 같이 어린 시절의 환상처럼 희미해져갔다. 그러던 중 1822년에 사라졌던 런디 섬의 지도가 1990년대에 발견되어 헤븐 목사의 이야기는 새로운 국면을 맞이했다. 영국 서리 주의 치과의사이자 런디 섬의 야생동물과 역사 전문가인 토니 랭함Tony Langham이 발견된 지도를 살펴보았고 런디 섬의 북서쪽 해안가 너머 암석 위에 적힌 '새의 섬'이라는 명칭을 확인했다. 토니는 어째서 바다새들이 떼 지어 몰려드는 섬 위에서도 특정한 암석에 새의 섬이라는 이름이 붙게 되었는지 의아했다.

1820년대 초에 런디 섬에 바다새의 왕과 왕비가 방문했다는 목사의 이야기와 1822년의 지도를 교차 확인한 토니는 한 가지 결론에 이르렀다. 새의 섬은 어떤 특별한 새, 즉 큰바다쇠오리의 고향이었던 것이다. 토니는 자신의 이론이 담긴 책을 출간한 후 얼마 지나지 않아 세상을 떠났다. 그의 사망기사에는 톰의 학식, 런디 섬에 대한 사랑뿐만 아니라 '영화배우처럼 잘생긴 외모'를 칭송하는 글이 실렸다. 그의 주장에 의심의 여지가 있을지 모르지만 잘생긴 치과의사의 말이라면 믿을 만하다는 의미였을까? 토니가 발견한 '새의 섬' 암석은 유년시절 나의 고향과 멸종동물의 세계를 이어주는 연결고리였다. 그리고 40여 년이 흐른 지금, 나는 당일치기 여행객들을 가득 태운 페리를 타고 항구를 떠나 '새의 섬'을 찾아 런디 섬으로 돌아왔다.

그런 이유로 나는 런디 섬의 위태로운 절벽 끝에 서 있게 된 것이다. 나는 GPS에 49.7569°N, 53.1811°W라는 좌표를 입력하고 팔을 쭉 뻗어 GPS를 머리 위로 올렸다. 1만 9천 킬로미터 상공에서 궤도를 돌고 있는 인공위성의 GPS 연결을 좌우할 몇 센티미터를 확보하기 위해서다. 디지털 나침반이 거의 정확히 정서 방향에 있는 새로운 위치를 찾아 흔들렸다. 나는 몸을 돌려 북대서양의 3,373킬로미터 너머를 바라보았다. 망망대해가 런디 섬과 뉴펀들랜드 연안의 바다에 솟아 있는 또 하나의 외딴 화강암 바위 사이를 가르며 뻗어 있었다.

· · ·

1497년 4월, 이탈리아의 항해사 존 캐벗 John Cabot 은 브리스틀 해협을 항해하던 도중 런디 섬을 지나갔다. 캐벗은 영국 왕 헨리 7세의 명령으로 아시아의 황금을 향한 지름길인 북서항로를 찾고 있었다. 그런데 헨리 왕의 명령이 제대로 전달되지 않았던 것인지 캐벗의 탐사대는 황금 대신 대구를 가득 싣고 돌아왔다. 왕은 그리 반기지 않았지만 사람들은 '뉴펀들랜드' 근해에 물고기가 너무 많아서 배 속도가 느려질 정도라는 캐벗의 이야기를 듣고 아주 기뻐했다. 곧 프랑스와 포르투갈, 스페인, 영국의 어선 수백 척이 뉴펀들랜드 그랜드뱅크에서 대구 어업으로 얻을 수 있는 엄청난 부의 소유권을 주장하기 위해 위험을 감수하며 대서양으로 떠났다. 그리고 1501년경 선원들의 그랜드뱅크 해로도에 새로운 섬이 등장했다. 1킬로미터가 채 되지 않는 길이에 500미터 미만의 폭을 가진 이 작고 황량한 섬에는 북양가마우지와 바다쇠오리가 가득했기 때문에 사람들은 처음에는 이 섬을 '새의 섬'이라고 불렀다. 나중에 어마어마한 수의 큰바다쇠오리 집단이 발견된 후로는 '펭귄 섬'이라고 불리기 시작했다. 하지만 결국에 고약한 냄새라는 훨씬 기억에 남기 쉬운 특징에서 유래된 이름만이 남게 되었다. 여러 세대에 걸쳐 수백만 마리의 바다새들이 싼 새똥이 쌓이며, 진하고 고약한 냄새가 나는 배설물 층에 뒤덮인 이

섬의 이름은 펑크ᶠᵘⁿᵏ(악취) 섬이었다.

전설적인 북서항로를 찾아 헤맨 프랑스의 탐험가 자크 카르티에|ᴶᵃᶜqᵘᵉˢ ᶜᵃʳᵗⁱᵉʳ 역시 1534년에 펑크 섬에 방문한 뒤 이 섬에 '놀라울 정도로 수많은' 새들이 있으며 북양가마우지와 바다오리, '몹시 뚱뚱한' 큰바다쇠오리가 번식한다고 묘사했다. 1500년대에 들어서 전 세계에 사는 거의 모든 큰바다쇠오리 집단의 서식지는 북서대서양으로 한정되었다. 개체 수가 줄어들던 새들은 매해 여름 산발적으로 존재하는 여러 '펭귄 섬'에 둥지를 지었는데 그중에서도 펑크 섬은 바다쇠오리의 주 서식지였다. 펑크 섬의 새 개체 수는 약 10만 마리 정도였다고 추정된다. 펑크 섬은 유럽의 여러 배들이 바다에서 수개월을 항해한 뒤 처음으로 조우한 섬이었을 것이다. 약간 냄새가 고약하긴 해도 반가운 이정표였던 셈이

다. 배고픈 선원들에게는 살찌고 날지도 못해 잡기 쉬운 새들을 식량으로 비축하는 보급소이기도 했다. 사람들은 배를 채운 다음 앞으로 있을 여정을 위해 바다쇠오리를 염장해 통에 채워 넣었다. 전해지는 이야기에 따르면 건널 판자로 바다쇠오리를 수백 마리씩 배 안으로 이동시켰다고 한다. 매년 벌어지는 큰바다쇠오리 만찬회가 개체 수에 타격을 주기 시작했지만 최악은 이제부터 시작이었다. 새의 부드럽고 푹신한 깃털이 이불과 침대, 베개를 채우는 용도로 팔리게 된 것이다. 사람들은 매년 여름마다 펑크 섬으로 이동해 야영지를 세웠고 큰바다쇠오리 남획은 산업 규모로 이루어졌다. 사람들은 불 위에 가마솥을 걸고 깃털이 잘 뽑히도록 새를 산 채로 끓은 물에 넣은 다음 털을 뽑고, 모닥불에 던져 넣어 새의 기름을 연료삼아 불꽃을 태웠다. 냉정하고 야만적이고 가차 없었던 도살자들은 큰바다쇠오리에게 대재앙이나 다름없었다. 1800년대에 들어서 펑크 섬의 모닥불은 사그라들었다. 그 지역의 큰바다쇠오리가 멸종한 것이다.

그러나 북대서양 너머에서는 큰바다쇠오리가 아직 위태로운 삶을 이어가고 있었다. 이제 전 세계에서 큰바다쇠오리의 주 서식지는 아이슬란드의 한 섬으로 좁혀졌다. 집단에서 버려져 떠돌다가 브리튼의 외딴 섬에 있는 암석 해안가에 알을 낳으려 시도한 큰바다쇠오리들도 있었다. 하지만 그 어디에도 안전한 곳은 없었다. 오크니 섬에 살던 큰바다쇠오리 한 쌍은 1812년에 돌과 총에 맞아 죽었다. 1821년에는 세인트킬다 군도의 외딴 스코틀랜드 섬에서 큰바다쇠오리 한 마리가 잡혔는데 미친 듯이 울어대는 바람에 마녀라는 낙인이 찍혀 맞아 죽었다. 큰바다쇠오리 한 쌍이 피난처를 찾아 런디 섬에 온 시기가 아마도 이 무렵일 것이다. 영국의 마지막 큰바다쇠오리는 1834년에 런디 섬에서 200킬로미터 떨어진 아일랜드 남서부의 워터포드 근방에서 포획되었다.

높아서 불안하긴 했지만 나는 조심스럽게 절벽의 가장자리로 발걸음을 옮겼다. 절벽 너머를 찬찬히 내려다보니 새의 섬이 보였다. 사실 '섬'이라는 말은 과하다. 새의 섬은 런디 섬에서 간신히 분리된 피라미드 형태의 암석이었다. 요새처럼 최고 수위선보다 높게 솟아 있는 짙은 암석 윗부분에서부터 파도에 깎인 암석 하단이 바다 쪽으로 완만하게 기울어져 있다. 암석 위쪽에 옹기종기 빽빽하게 모인 레이저빌 무리가 하얀 배설물을 흩뿌려놓았다. 외딴 암석의 위치를 발견했다는 성취감이 불현듯 떠오른 깨달음에 잦아들었다. 새의 섬은 큰바다쇠오리를 위한 완벽한 서식처였다. 좁은 수로를 통해 흘러들어가는 파도는 큰바다쇠오리를 경사가 완만한 암석 위로 손쉽게 밀어 올려 주었을 것이다. 거기서부터 거대한 알 하나를 안전하게 낳을 수 있을 만한 만조 수위보다 높은 위치까지는 뒤뚱거리는 걸음으로도 오르기가 어렵지 않았을 것이다. 큰바다쇠오리는 이곳에 존재했던 것이 확실했다.

목사와 알, 잘생긴 치과의사의 이야기는 모두 진실이었던 것이다. 바다 끝에 서서 머리를 높이 치켜든 바다새의 왕과 왕비인 큰바다쇠오리가 머릿속에 생생하게 떠올랐다.

1830년에는 단 한 무리의 큰바다쇠오리가 남아이슬란드에서 40킬로미터 떨어진 차가운 바다 위의 섬에 남겨졌다. 매년 여름이면 새들은 거센 해류와 불길한 미신으로 무장하고 있던 고립된 섬 가이르풀라스케어Geirfuglasker(큰바다쇠오리의 섬이라는 의미의 아이슬란드어)에 모여 둥지를 지었다. 용기가 넘치는 사람이 아니고선 이곳에 찾아올 엄두를 내지 못했기에 발을 들여놓는 사람이 거의 없는 섬이었다. 새들은 자신들만의 요새를 찾았고, 사람의 발길이 닿지 않는 이곳에서 그 수를 불려나갔을 것이다. 그러나 이 섬은 1830년 3월에 가라앉고 말았다. 가이르풀라스케어는 화산섬 열도에 속해 있었는데 일련의 폭발성 화산 분출이 일어나며 바다 밑으로 사라졌다. 눈앞에서 최후의 안식처를 잃은 큰바다쇠오리들에게 남은 희망은 오직 하나뿐이었다. 바로 아이슬란드와 아주 가까이 있으며 200미터 길이에 높이 75미터에 불과한 경사진 화산암 덩어리, 엘데이 섬이었다. 새들은 이곳에서 최후의 저항을 벌였을 것이다. 하지만 사람들은 이제 요리나 깃털이 아니라 박물관에 전시할 목적으로 큰바다쇠오리를 원하고 있었다.

동물학자와 수집가들은 큰바다쇠오리가 희귀해졌다는 사실을 깨달았고 전 세계의 박물관들은 앞다투어 표본을 확보하려 했다.

소장품 목록을 완성할 수 있게 도와주는 사람에게는 높은 보상금을 약속하기도 했다. 마지막 좌표 63.7408°N, 22.9580°W를 GPS에 입력한 나는 런디 섬에서 1,760킬로미터 떨어진 차가운 아이슬란드의 바다 위, 엘데이 섬이 떠 있을 만한 북서쪽으로 몸을 돌렸다. 사건은 지금으로부터 정확히 175년 전에 시작되었다.

∙ ∙ ∙

1844년 6월 2일 저녁, 아이슬란드 남서 해안 지역에 있는 키르크유베르의 작은 만에서 14명의 남자들이 8개의 노를 저어갔다. 그리고 다음날 아침, 엘데이 섬에 도착했다. 남자들이 섬에 가까이 다가가고 있을 때 전 세계의 마지막 큰바다쇠오리로 알려진 새 한 쌍이 그 모습을 바라보고 있었다. 날씨가 악화되어 위험했지만 남자들은 엘데이 섬에 무사히 하선할 수 있었다. 앞다투어 위험천만한 암석 위로 올라간 브랜슨과 이셀프슨, 케틸슨 세 사람은 곧바로 사냥감을 찾아냈고 경사진 암석 가장자리를 오르기 시작했다. 브랜슨은 가장 가까이에 있는 새를 따라갔다. 금세 구석에 몰린 커다란 새 한 마리가 잡히고 말았다. 남은 새 한 마리는 도망치고 있었다. 케틸슨은 힘이 빠졌지만 이셀프슨은 간신히 몸을 움직였다. 큰바다쇠오리가 낭떠러지 위로 솟은 위태로운 절벽을 따라 도망치는 동안 길레모츠와 레이저빌은 꽥꽥거리며 황급히 흩어져 달아났다. 바로 눈앞에서 망망대해가 자유의 손짓을 보내고 있었지만 이셀프슨의 억센 손아귀가 큰바다쇠오리의 목을 움켜쥐었다. 몸부림도 울음소리도 내지 못하고 이 커다란 새는 영원히 눈을 감았다. 목이 졸린 새 두 마리는 배 위에 내던져졌다. 바람이 거세게 불었고 파도가 엘데이 섬을 때렸다. 남자들은 '사탄과도 같은 날씨'였다고 말했다. 배가 밀려드는 파도를 가르며 섬에서 멀어지자 바다는 잠잠해졌고 남자들은 집을 향해 노를 저었다. 본토로 돌아와 돈이 오갔다. 새는 팔렸고 가죽이 벗겨져 덴마크의 중개인에게 운송되었다. 후에 케틸슨은 그날 알 하나를 발견했지만 깨졌다고 말했다. 그렇게 알은 깨진 틈으로 흘러내리는 한 생명과 함께 화산암 덩어리 엘데이 섬에 남겨졌다.

  덴마크 자연사박물관은 1,400만 개의 수집품을 보유하고 있으며 그중에서 가장 아름답고 가치 있는 보물 78개를 새로운 전시관 '귀중한 것들'에서 전시하고 있다. 나는 기념품 가게에서 입장권과 안내책자를 구매했다. 그리고 덴마크어를 이해하려 애쓰면서 17미터 높이의 공룡 디플로도쿠스와 찰스 다윈의 따개비 일부를 지나쳤다. 두개골과 미술품, 한스 크리스티안 안데르센의 달팽이 소장품이 있는 조명이 어둑한 미로 같은 복도로 들어섰다. 나는 49번 전시물을 찾고 있다. 성스러운 기운을 뿜어내는 작고 어두운 방 안으로 들어간 나는 제단을 닮은 선반 위에서 은은한 조명을 받고 있는 4개의 유리 단지를 발견했다. 오른쪽의 단지에

는 엘데이 섬에서 죽은 마지막 큰바다쇠오리 한 쌍의 눈알이 호박색 액체 안에 보존되어 있다. 1844년에 다가오는 배와 멸종을 목격한 바로 그 눈이었다. 왼쪽 단지에는 큰바다쇠오리의 심장 두 개가 들어 있다. 약 180년 전 종족이 영원히 멸종하는 순간, 겁에 질린 채 박동했을 마지막 맥박 소리를 떠올리지 않을 수 없다. 마지막 큰바다쇠오리는 에탄올에 잠긴 채로 코펜하겐의 진열장 위에 놓인 유리병과 전설 속에 영원히 남았다. 그 앞에는 큰바다쇠오리 한 마리가 박제되어 머리를 높이 쳐들고 서 있다. 전 세계 박물관을 비롯한 소장품 가운데 큰바다쇠오리의 박제 표본은 약 80점이 남아 있다. 거의 대부분이 1830년과 1844년 사이에 엘데이 섬에서 남획한 것이다.

  박물관의 조교수이자 조류 전시 책임자인 피터 호스너는 커다란 금속 진열장 문을 당겨 열었다. 아래 선반에는 지구상에 남아 있는 가장 인상적인 소장품이 놓여 있었다. 바로 펑크 섬에서 구한 큰바다쇠오리의 뼈와 두개골, 내장을 보관한 병이다. 피터가 말하길 간과 난소, 창자, 폐, 기관, 울대, 새의 발성기관은 원래 모두 사체에서 분리해 브랜디 술통에 던져두었던 것들이라고 했다. 보관장 앞에 놓인 큰바다쇠오리의 박제 표본은 박물관의 애장품 중 하나다. 이 표본의 희귀한 이유는 목에 하얀 겨울 깃털을 가지고 있기 때문이다. 거의 대부분의 큰바다쇠오리 표본은 겨울 깃털이 없는 여름에 해안가로 올라가 알을 낳을 때 수집했다고 한다. 피터는 이 새가 한동안 우리 안에 산 채로 갇혀 있었다는 증거가 바로 이 낡은 날개 깃털이라고 언급했다. 그러나 이상하게도 이 박물관의 박제 표본 중에 1844년에 엘데이 섬에서 잡힌 개체는 없었다. 코펜하겐의 박물관에서 새의 심장을 비롯한 장기를 분리했지만 엘데이 섬의 큰바다쇠오리의 새 가죽은 어디론가 보내졌고 그 행방은 알 수 없다.

2017년, 영국 웨일즈의 뱅거대학교와 덴마크의 코펜하겐대학교 학생인 제시카 토마스Jessica Thomas는 박사과정 중에 사라진 큰바다쇠오리의 수수께끼를 조사하는 연구 팀으로 활동했다. 제시카는 코펜하겐의 큰바다쇠오리 장기에서 오래된 DNA 표본을 채취해 엘데이 섬의 큰바다쇠오리로 추정되는 다른 5곳의 박물관 표본과 비교했다. 엘데이 섬의 수컷 큰바다쇠오리는 브뤼셀에 있는 벨기에 왕립자연사박물관에 박제로 전시되어 있는 것으로 밝혀졌다. 그러나 엘데이 섬의 암컷 큰바다쇠오리가 마지막으로 쉬고 있는 장소는 신시내티 자연사과학박물관이 가능성 있는 후보로 올랐을 뿐 그 정확한 위치는 끝내 밝혀지지 않았다.

제시카는 또 다른 논란 역시 해결했다. 사실 큰바다쇠오리가 사라진 후에 많은 사람들은 인간이 새를 멸종시킨 원인이었다는 사실을 받아들이지 못했다. 사람들은 새를 벼랑 끝으로 몰아낸 다른 환경적인 요인이 있었을 것이라고 생각했다. 이에 제시카와 동료들은 1만 5천 년 전부터 엘데이 섬의 마지막 두 개체까지 서로 다른 큰바다쇠오리 41개체의 뼈에서 채취한 오래된 DNA를 폭넓게 활용해 새의 유전적 다양성을 조사하고 비교했다. 종의 유전적 다양성이 낮으면 환경 변화에 취약해져 전체 집단이 환경에 적응하고 개체 수를 회복하기가 힘들어진다.

하지만 큰바다쇠오리의 표본은 높은 유전적 다양성을 보여주었다. 집단이 이미 쇠락하고 있지도 않았고 집중적인 남획이 있기 전까지는 멸종할 위험이 없었다는 증거였다. 인간이 큰바다쇠오리를 찾아내기 전까지 그들은 잘 살아가고 있었던 것이다. 제시카는 통계학 모형과 치밀한 계산 결과를 이용하여 인간이 얼마나 잔인하고 경솔할 수 있는지를 증명하는 과학적 근거를 제시했다. 인간은 이렇게 멋진 동물과 함께 살 수 있는 황홀한 기회를 나를 비롯한 수백만 명의 사람들에게서 앗아갔고 유일무이한 큰바다쇠오리종을 불과 수 세기 안에 지구상에서 몰살해버렸다.

· · ·

마지막으로 번식을 한 큰바다쇠오리는 엘데이 섬의 새 한 쌍으로 알려졌지만 큰바다쇠오리가 마지막으로 목격된 시기는 현재까지 1852년 12월로 알려져 있다. 영국 조류학자 연합의 초대 회장인 헨리 드러몬드 헤이 대령은 증기선으로 뉴펀들랜드의 그랜드뱅크를 항해하던 중 배를 따라 헤엄치는 새를 관찰했고 자신이 무엇을 보았는지 '확신'했다. 그러나 새는 파도 아래로 뛰어들었고, 그렇게 북반구의 날지 못하는 거대한 바다새 큰바다쇠오리는 영원히 사라졌다.

런디 섬을 떠난 페리가 비디퍼드 항구에 정박했다. 당일치기 여행객들은 흩어졌고 나는 작가이자 동물학자인 찰스 킹즐리의 동상을 지나 주차장으로 걸어갔다. 임시 간판에서 그의 200번째 생일이 다음 주라는 사실을 알리고 있었다. 1863년에 출간해 엄청난 인기를 얻은 킹즐리의 판타지 소설《물의 아이들》에는 '외로운 바위 Allalonestone' 위에 서 있는 마지막 큰바다쇠오리 '게어파울'이 등장한다. 게어파울은 사라진 화산섬의 슬픈 이야기를 들려주면서 한때 사람들이 엄청난 수의 새들을 도살하고 때리고 총을 쏘고 잡아먹었다고 말했다. 킹즐리는 "이것은 게어파울의 이야기이며 이상하게 느껴질지 모르겠지만 모두 진실"이라고 적었다. 마지막 큰바다쇠오리는 눈에서 맑은 기름 눈물을 흘리며 외로이 서 있다. 그리곤 "나의 작은 친구야, 나는 곧 떠날 거란다. 누구도 나를 그리워하지 않겠지"라고 말했다.

게어파울의 예상은 틀렸다.

2장

phalacrocorax perspicillatus

안경가마우지

안경가마우지 Phalacrocorax perspicillatus

나는 늘 가마우지가 성미가 고약하고 괴팍해 불평만 늘어놓는 노인을 닮았다고 생각했다. 목이 긴 파충류를 닮았고 윤기 나는 검은 깃털을 덮어쓴 이 새에게는 약간 미심쩍고 조금은 사악하기까지 한 무언가가 있다. 가마우지는 잠시도 방심하지 않고 경계를 하는데 항상 뭔가 나쁜 일을 꾸미고 있는 듯 보인다. 나에게 가마우지는 수요일 저녁을 의미하는 새다. 수요일마다 강어귀의 한 송전탑에 모인 가마우지들을 볼 수 있기 때문이다. 가마우지는 매주 근처 마트에 장을 보기 위해 따분한 외출을 떠나는 내 앞에 불안의 전조처럼 등장한다. 날개를 활짝 펼친 십여 개의 검은 실루엣은 십자가처럼 구름을 등지고 서 있다. 가마우지가 물속에서 사냥을 한 뒤 축축해진 날개를 말리기 위해 취하는 특징적인 자세다. 가마우지는 고독한 낚시꾼이지만 황혼 무렵이면 그날의 사냥 이야기를 늘어놓고 싶은 충동에 이끌린 듯이 한데 모인다. 그리고 놓친 사냥감을 과장하여 표현하듯 날개를 쭉 뻗곤 한다.

바닷가에 가본 사람이라면 누구나 가마우지를 본 적이 있을 것이다. 40여 마리로 이루어진 가마우지과는 (근연종인 유럽가마우지와 마찬가지로) 전 세계의 해안가에서 흔히 볼 수 있는 터줏대감이다. 크기는 남동유럽과 아시아에 사는 (340그램의) 난쟁이가마우지부터 (약 3.5킬로그램의) 날지 못하는 갈라파고스가마우지까지 다양하다. 하지만 200년 전에는 6킬로그램에 달하는 안경가마우지도 존재하고 있었다. '가마우지의 왕' 안경가마우지는 사람이 살기 힘든 한 외딴 섬에서만 발견되었다. 러시아와 북아메리카 대륙 사이의 베링 해에 위치한 삐쭉삐쭉한 단검 날처럼 생긴 베링 섬이 바로 그곳이다.

1741년 베링 섬을 최초로 방문해 안경가마우지를 발견한 동물학자는 새의 육중함에 감명을 받아 이렇게 적었다. "크기와 풍만함에서 근연종을 넘어선다." 그는 낡은 공책에 이 새는 "특별한 거대 바다 까마귀의 일종으로 눈 주위에 듬성듬성 하얀 고리가 있고 부리 쪽 피부가 붉다"라고 적었다. 또한 "눈 주변의 고리와 광대처럼 머리와 목 주변을 휘감은 깃털 때문에 상당히 우스꽝스럽게 보인다"라고 기록했다. 이 간단한 현장기록이 살아 있는 안경가마우지를 보고 남긴 유일한 관찰문이었다. 안경가마우지는 발견된 지 100년도 채 지나지 않아 멸종했고 이제는 7종의 표본으로만 남아 있다.

• • •

런던 중심부에서 북서쪽으로 48킬로미터 거리에 있는 영국의 지방 도시 트링은 1만 2천 명의 주민들과 안경가마우지 2마리의 고향이다. 좁고 붐비는 시내 중심가의 트링 구두 수선점 간판 위에 거대하게 그려진 손 하나가 '동물학박물관은 이쪽'이라는 글씨를 가리키고 있다. 트링의 자연사박물관은 1875년에 "엄마 아빠, 나 박물관을 만들 거예요"라고 선언한 한 일곱 살 소년의 계획으로 탄생했다. 만약 내가 이 말을 했다면 우리 부모님은 나에게 종이상자 하나를 건네주셨을 것이다. 우리 부모님은 엄청난 재산을 축적한 명문가의 일원이 아니었으니 말이다. 스물 한 번째 생일을 맞은 월터 로스차일드Walter Rothschild는 트링의 가족 사유지 한쪽에 특별히 자신을 위해 세운 박물관을 선물받았고 그 안에 어린 시절부터 열성적으로 수집한 자연사 표본을 채워 넣었다. 로스차일드는 동시대의 저명한 동물학자이자 수집가로 성장했다. 그는 수집을 위해 수백 명의 사냥꾼들을 전 세계에 파견했다. 로스차일드의 급여 명단에 이름을 올린 사냥꾼들은 폭풍우치는 바다와 정글의 짐승들, 식인종, 전염병과 싸우며 전 세계를 샅샅이 뒤져 동물을 산 채로 혹은 죽인 뒤 트링으로 운반해 로스차일드의 박물관을 채웠다. 운송된 모든 표본들은 로스차일드가 조심스럽게 개봉해 이름을 붙이고 구분한 뒤 이름표를 붙여 꼼꼼하게 순서대로 배열했다. 그는 곧 한 사람이 축적했다고 보기에는 엄청난 양의 자연사 수집품을 소유하게 되었다. 핀으로 고정한 200만 종의 나비와 나방, 30만 종의 새 가죽, 20만 종의 새알을 비롯해 벼룩부터 코끼리, 땅돼지, 얼룩말, 큰바다쇠오리, 태즈메니아 늑대까지 다양했다. 곰처럼 덩치가 컸던 로스차일드는 런던 시내부터 버킹엄 궁전까지 훈련받은 얼룩말이 끄는 마차를 몰거나 트링 공원 주위에서 거대 땅거북을 타고 있는 모습이 사진으로 찍혀 유명해질 정도로 별난 성격을 지녔었다. 1892년에 그는 월터 로스차일드 동물박물관을 대중에게 공개했고 사후에 자신의 소장품을 나라에 기증했다.

이 놀라운 빅토리아 시대의 박물관은 현재 런던 자연사박물관의 부속 기관이며 로스차일드의 특별한 표본들을 보관한 방대한 전시실을 보유하고 있다. 트링 자연사박물관의 조류 전시장 내부는 보물로 가득하다. 진열장과 수납함 안에는 전 세계 조류종의 95퍼센트에 달하는 75만 종의 표본이 있고 연구자와 과학자들은 신청을 통해 표본을 연구할 수 있다. 나는 과학자가 아니지만 감사하게도 약속을 잡을 수 있었다. 나는 수석 전시책임자 마크 아담스와 나눈 첫 대화에서 바라던 대로 안경가마우지에 대한 나의 지식으로 그에게 감명을 주었고 흥분을 가까스로 참아낼 수 있었다. 나는 소년 시절부터 관심을 가져온 멸종한 새의 역사와 관련된 세세한 이야기에 그야말로 푹 빠져 있었다. 마크가 안경가마우지를 가지러 갔을 때 나는 간절한 기대감을 담아 테이블 위에 손가락을 두드렸다. 돌아오는 그의 발소리가 보관소 바닥에 울리자 나는 긴장을 풀기 위해 깊게 숨을 내쉬었다.

• • •

안경가마우지가 내 앞에 놓였을 때 나는 흥분을 가라앉히고 집중

했다. 지금까지 나는 오로지 책 속에서 삽화로만 안경가마우지를 보았다. 우스꽝스럽고 알록달록한 안경가마우지는 예술가의 그림 속에서 우아하게 헤엄을 치거나 해안가 바위 위에 위풍당당하게 앉아 있었다. 그러나 내 앞에 생명을 잃고 흰 쟁반에 누워 있는 새에게서는 실의에 빠진 어릿광대와 같은 진정한 비극이 엿보였다. 눈 주위의 익살스러운 흰 고리는 시간이 흐르며 노랗게 변했고 한때는 선명한 색이었을 부리 주변도 이제 마르고 갈라지고 색이 바랬다. 마크는 "직접 들어보시겠어요?"라고 말했다. 이만큼 귀중한 표본은 신성불가침의 영역이라고 생각했기 때문에 만지는 일은 꿈도 꿔보지 못했다! 나는 손을 뻗어 오랜 세월을 거

친 새의 몸통을 밑에서부터 들어 올렸다. 나는 조산사에게 갓 태어난 아이를 건네받은 듯한 경탄과 애정을 담아 내 쪽으로 조심스럽게 새를 끌어왔다. 불현듯 지금 내가 생애 최초로 멸종동물을 만지고 있다는 생각에 아연해졌다. 나는 부러지기 쉬운 새의 긴 목을 지탱하기 위해 머리를 부드럽게 안았고 구부러진 부리는 이제 거의 내 코에 닿을 듯했다. 새를 내 가슴 쪽에 가깝게 안으니 박물관 조명과 따뜻한 석유등의 무지갯빛이 환상처럼 새의 몸통 위로 흘러내려 깃털이 보라색과 녹색으로 반짝였다. 새의 깃털에서는 베링 해의 바다냄새가 나는 듯했고 목 안쪽에서 새의 목울음 소리가 들리는 듯했다. 머리를 높게 드니 안경가마우지가 좀더 위엄 있게 보였다. 나는 머리부터 내려와 눈 주변을 따라 나 있는 길고 하얀 수염을 닮은 깃털이 지혜로운 분위기를 자아낸다고 생각했다. 그 모습은 광대보다는 덕망 있는 중국 철학자처럼 보이기도 했다. 나는 바람이 몰아치는 한 바위 위에 서서 날개를 넓게 펼치고 지나가는 모든 코뿔바다오리들이 들을 수 있게 격언을 설파하는 안경가마우지의 모습을 상상했다.

상상을 끊어내는 헛기침 소리에 위를 올려다보자 마크가 가마우지를 조심스레 안고 있는 나를 걱정스레 바라보고 있다. 마크가 내 품에서 새를 끄집어내 다시 쟁반 위에 올려놓는 동안 나는 표본의 기원에 대해 질문하며 다시 충실한 과학자의 모습을 되찾으려 했다. 마크는 새의 한쪽 발을 들어 올리고는 오랫동안 발에 매달려 있었을 이름표를 내게 보여주었다. 그곳에는 빛바랜 잉크로 우아하게 벨처 선장이라는 이름이 적혀 있었다.

• • •

1837년 9월, 해군 함장 에드워드 벨처 Edward Belcher는 태평양 연안을 탐험하고 조사하기 위해 HMS(왕립해군함정) 설퍼 호에 올라 탐험대를 이끌었다. 북극광(오로라)을 보고 감탄하며 저녁시간을 보낸 후 설퍼 호는 알래스카 연안의 시트카 부락을 방문했다. 그곳에서 벨처 탐험대는 러시아 총독 이반 쿠프레노프의 따뜻한 환대를 받았고, 지역을 탐험하며 현지인들을 만났다. 마지막 날 밤에 설퍼 호의 선원들은 파티를 열었고 벨처는 밤새 왈츠를 추었다. 다음 날 설퍼 호는 총독에게 받은 독특한 선물을 싣고 시트카 해협을 떠나 항해했다. 그 선물이 바로 안경가마우지의 표본이었다. 총독은 온 영토에서 야생동물 표본을 수집했고 그중 베링 섬의 희귀한 거대 가마우지 표본을 벨처 선장에게 증정한 것이다. 당시 설퍼 호에 실려 남쪽으로 향한 수수께끼의 새에 대해서는 알려진 사실이 거의 없었다. 어디에 둥지를 지었는지, 날 수는 있었는지, 현재 살아 있는 것인지 누구도 알지 못했다.

　1882년에 이러한 질문에 대해 간절히 답을 원했던 한 동식물 연구가가 베링 섬이 있는 북쪽으로 항해했다. 그의 임무 중 하나는 안경가마우지가 여전히 살아 있는지를 밝혀내고 만약 살아 있다면 자세히 관찰하는 것이었다. 당대의 모든 위대한 동식물연구가들처럼 그는 탐험에 필요한 두 가지 준비물인 탐구심과 커다란 총을 챙겼다.

·   ·   ·

1882년 4월 5일에 증기선 알렉산더 2호는 샌프란시스코의 골든게이트 해협을 출발했지만 강한 서풍의 방해로 북쪽을 향해 천천히 전진하고 있었다. 배에는 레온하르트 스티네거Leonhard Stejneger가 타고 있었다. 스티네거는 열정적인 동물학자이자 파충류와 조류학자였다. 샌프란시스코를 떠난 지 25일 후, 스티네거는 '동북동 방향에서 다가오는 허리케인'을 보며 베링 해가 전통적인 인사로 알렉산더 2호를 환영한다는 사실을 실감했다.

스티네거는 베링 섬 현지에서 배와 선원을 빌려 섬을 일주했다. 그는 짙은 안개와 모기떼를 견디며 눈 주위에 하얀 고리를 가진 거대한 가마우지를 찾아 해안과 절벽을 샅샅이 뒤졌다. 그러던 중 바다표범 가죽으로 만든 카약이 뒤집혀 물에 잠기면서 의식을 잃고 죽을 뻔하기도 했다. 다행히 동료가 그를 다시 육지로 끌어올렸고, 스티네거는 의식을 되찾았다. 스티네거는 자신이 만난 모든 섬사람들에게 안경가마우지에 대해 물었다. 그중 많은

사람들이 새가 '바위 위에 가득했던' 시기를 떠올렸는데 50미터 높이의 화강암 덩어리로 이루어진 외딴 섬 아리 카멘이 특히 바다새 군락으로 유명했다고 말했다. 이 작은 섬이 큰바다쇠오리의 엘데이 섬과 마찬가지로 안경가마우지의 마지막 안식처였을까? 스티네거가 가마우지의 행방을 찾도록 도와주는 사람에게 누구든 '아주 큰 보상'을 제공하겠다고 했을 때 현지인들은 웃기만 했다. 그리고 안경가마우지는 '약 30년 전'을 마지막으로 더이상 발견되지 않았다고 말했다. 가마우지가 멸종한 대략적인 시기를 마지막 큰바다쇠오리가 파도 아래로 사라진 해와 같은 1852년으로 결론 짓는 순간이었다. 스티네거는 비탄에 잠겼다. 탐험대 보고서에서 그는 "표본을 얻을 수 있는 희망이 사라졌다는 사실을 깨달았을 때 나보다 실망한 사람은 없을 것이다"라고 적었다. '가마우지의 왕'은 사라졌다.

• • •

스티네거는 안경가마우지 표본을 얻기에는 30년이나 늦게 그곳에 도착했다. 하지만 그가 가마우지 수색 작업에서 빈손으로 돌아온 것은 아니었다. 스티네거는 베링 섬의 북서해안을 탐사하면서 가파른 경사면을 기어올랐고 모래와 땅속에 파묻힌 동물 뼈 매장 층을 발견했다. 그는 조심스럽게 골반 뼈를 파낸 뒤 그 뼈가 안경가마우지의 것이라고 확신했다. 그는 땅을 파기 시작했고 추가로 21개의 뼈를 발굴했다. 미국 워싱턴의 스미소니언 박물관으로 돌아온 그는 꼼꼼하게 뼈 길이를 재고 서술하고 삽화로 그려 우리가 살아 있는 안경가마우지에 대해 제대로 이해할 수 있도록 해주었다. 스티네거는 이렇게 적었다. "안경가마우지는 민물가마우지보다 훨씬 거대했으며 튼튼한 근육질의 다리를 가졌으며, 가늘고 약한 머리와 목 때문에 비행에 능하지 못했다." 뼈를 보면 신체에 비해 날개가 불균형적으로 작았기 때문에 이 거대한 가마우지는 날 수 있었다 해도 아마 공중에 오래 머물지 못했을 것이다. 이후 레오나르드 스티네거는 스미소니언 박물관의 생물학 수석 전시책임자라는 존경받는 지위에 오르게 되었다. 그는 1943년에 세상을 떠날 때까지도 비슷한 시기에 멸종했음에도 훨씬 많은 과학적 관심과 안타까움을 이끌어낸 큰바다쇠오리와 비교해 '조류 중에 가장 크고 잘생긴' 안경가마우지가 간과되고 있다는 사실에 언제나 안타까워했다. 레온하르트 스티네거는 자연사에 위대한 유산을 남겼다. 그리고 또한 스미소니언 박물관에 가마우지 뼈가 담긴 수납함을 남겼다.

• • •

스티네거의 안경가마우지 뼈는 쿠프레노프 총독이 전해준 광채

가 흐르는 7개의 새 가죽보다는 덜 인상적일지도 모른다. 하지만 이 뼈는 2017년에 우리가 안경가마우지의 세계를 이해하게 해준 한 연구에 결정적인 역할을 했다.

도쿄의 국립과학박물관 팀은 1960년대와 1980년대에 일본 북동쪽의 시리야 해안 지역에서 고고학 발굴을 수행했고 플라이스토세 후기(약 129,000~11,700년 전)의 뼈를 캐냈다. 그들의 발견물 중에는 현재 일본에서 발견할 수 있는 4종의 가마우지보다도 큰 가마우지의 유해도 있었다. 2010년에 쿄토대학교의 와타나베 준야는 이 뼈를 연구하고 처음에는 대형 가마우지의 새로운 종을 발견했다고 생각했다. 하지만 멸종한 안경가마우지에 대해 알게 된 후에 그는 탐정과도 같은 추리력을 발휘했다. 2014년, 그는 워싱턴의 스미소니언 박물관으로 날아갔고 보관 진열장 사이에 자리한 작은 나무책상 위에 노트북과 캘리퍼스(물체의 지름 등을 측정하는 공구)를 준비했다. 그리고 작은 종이상자에서 꺼낸 베링 섬의 뼈의 대퇴골과 상완골, 오탁골, 날개뼈를 정확하게 측정하기 시작했다. 그 길이는 일본에서 발견된 뼈와 완벽히 일치했다. 와타나베는 "조사 이전에는 안경가마우지가 베링 섬 바깥에 살았다는 증거가 없었습니다"라고 말했다. 하지만 이제 안경가마우지가 한때 일본에서 쿠릴 열도를 따라 베링 섬의 마지막 안식처까지 2,400킬로미터를 잇는 훨씬 폭넓은 분포도를 보였을지도 모른다는 증거가 발견된 것이다. 무엇이 이 조류의 왕국을 무너지게 만든 것일까? 2만 년 전 북극의 빙하가 최대한도로 커졌을 때 시리야 근해의 플랑크톤 수치는 극적으로 감소했다. 감소한 플랑크톤은 해양 먹이사슬뿐만 아니라 궁극적으로 바다새의 개체 수에까지 막대한 영향을 끼쳤을 것으로 예상할 수 있다. 일본 북동지역의 발굴지에서는 날지 못하는 바다오리 Shiriyanetta hasegawai와 거대 길레모츠 Uria onoi의 뼈도 발견되었다. 두 종은 모두 플라이스토세 후기 이후에 멸종했지만 안경가마우지는 이 시기를 견뎌낸 것으로 보인다. 18세기 초에 안경가마우지는 마지막 유골이 발견된 외딴 베링 섬으로 물러났다. 새들은 작은 섬 베링을 자신들의 지상낙원으로 삼아 다시 일어설 수 있었을 것이다. 그런데 무엇이 잘못된 것일까? 안경가마우지는 왜 사라졌을까?

안경가마우지는 한때 이곳에서 확실히 번성했다고 추측할 수 있다. 우리의 수수께끼에 대한 해답은 1700년대 초에는 베링 섬에 아무도 들어오지 않았다는 사실에서 찾을 수 있다. 베링 섬은 사람이 전혀 방문하지 않았고 이름조차 없었다. 지구상의 외딴 구석에 숨겨져 발견되지 않은 섬이었을 뿐이다. 하지만 사람들이 그 작은 섬을 발견한 이후로 모든 것이 변화하기 시작했다. 친구여, 앞으로 펼쳐질 험난한 여정에 대비하길 바란다.

3장

Hydrodamalis gigas

스텔러바다소

스텔러바다소 Hydrodamalis gigas

게오르크 빌헬름 스톨러 Georg Wilhelm Stöller 는 1709년 3월 10일에 태어나 1709년 3월 10일에 숨을 멈췄다. 태어나자마자 스톨러의 숨이 끊어졌다고 생각한 조산사는 가방을 챙겨 떠났다. 가족의 지인이 불굴의 결단력을 발휘해 따뜻한 담요로 감싸 우리의 작은 친구를 기적적으로 되살리지 않았다면, 이번 장은 쓸 내용이 상당히 줄어들었을 것이다. 이렇게 단호한 한 남자의 삶은 망설임과 함께 시작되었다.

이쯤에서 한 가지 사실을 고백하려 한다. 나는 이 남자를 사랑한다. 스톨러가 발견한 멸종동물에 관한 책과 동물들에 대한 장대한 모험이 담긴 그의 일기를 읽은 후부터 그는 나의 영웅이었다. 나는 그의 사고방식과 인간성, 열정에 반했는데 아마도 그에게서 나와 닮은 부분을 보았을지도 모르겠다. 어린 스톨러는 나처럼 자연에 마음을 빼앗겼다. 그는 언제나 독일 빈츠하임에 자리한 집 근처 오크나무 숲과 꽃이 가득한 들판에서 시간을 보냈다. 그리고 나와 마찬가지로 고향 땅 너머의 넓은 세계를 탐험하고 새로운 것을 발견하는 꿈을 꾸었다. 나와 다른 점은 그는 실제로 그 꿈을 일부 이루었다는 것이다.

스무 살의 스톨러는 신학을 공부하기 위해 비텐베르크대학교로 떠났다. 그의 부모님은 스톨러가 언젠가 사제가 되어 돌아오리라 믿으며 손을 흔들어 작별했다. 그러나 그 후로 그들은 스톨러를 다시 볼 수 없었다. 2년 후인 1731년에 할레대학교에서 약

학과 식물, 동물 해부를 공부하던 스톨러는 사술에 빠져들었고 미래에 대한 암울한 예언을 들었다며, 다음과 같은 기이한 주장을 했다. "나는 유럽의 최극단을 여행하다가 배가 난파되어 무인도에 던져질 것이고 여기서 멀리 떨어진 나라에서 죽게 될 것이다."

· · ·

18세기 초에는 스톨러의 예언을 만족시킬 만큼 아직 알려지지 않은 외딴 지역이 많았다. 시베리아와 북태평양의 해안지대는 지도에 자세히 표시되지도 않던 시대였다. 상트페테르부르크에서는 위대한 덴마크의 탐험가 비터스 베링이 두 번째 캄차카 탐험대를 이끌 준비를 하고 있었다. 수천 명이 참여하는 어마어마한 규모의 탐험대였다. 베링은 시베리아 동부의 끝과 북아메리카 서부의 해안 지도를 완성하고 두 대륙이 실제로 연결되어 있는지 알아보는 임무를 맡았다. 스톨러에게 베링 탐험대는 꿈을 이룰 수 있는 기회였다. 25세의 스톨러는 독일을 떠나 상트페테르부르크로 향했고, 1734년 11월에 도착했다. 그리고 그곳에서 명성을 쌓아 탐험대에 참가하기로 결심했다. 러시아어 알파벳에는 'ö'이 없다는 사실을 발견한 스톨러Stöller는 '스텔러Steller'라는 이름으로 개명한 후 행운을 잡기 위해 열심히 노력했다. 그는 도움이 될 만한 사람들을 만나 러시아 과학아카데미의 신임을 얻었고 아카데미의 방대한 도서관에서 시베리아와 아메리카의 야생동물에 대한 정보를 열정적으로 탐구했다.

결국 스텔러는 제2차 캄차카 탐험대에 동물학자로 탑승해달라는 요청을 받고 황금티켓을 얻을 수 있었다. 그는 포근한 털로 몸을 감싼 채 말이 끄는 트로이카(삼두마차)를 타고 비터스 베링 사령관을 따라잡기 위해 러시아의 동토를 가로질렀다. 그는 3년간 이동하며 우랄 산맥을 건넜고, 개썰매를 타고 거친 화산암으로 뒤덮인 캄차카 반도를 횡단했다. 스텔러는 캄차카 반도에서 이텔멘 현지인과 시간을 보내며 그들의 문화를 비롯해 비타민이 풍부한 베리류와 식물의 치유력에 대해 배웠다. 마침내 베링을 만난 스텔러는 성베드로 호에 승선할 기회를 얻었다. 스텔러의 공식 직함은 광물학자였지만 베링은 스텔러가 의사와 동식물 연구가, 성직자의 역할까지 맡아주기를 기대했다. 1741년 6월 4일, 성베드로 호와 성바울 호는 캄차카의 아바차 만을 출항해 아메리카 대륙을 찾아 나섰다. 성베드로 호에는 장교와 병사, 보병, 포병, 선원, 선박 수리기사, 신이 난 과학자 게오르크 빌헬름 스텔러까지 총 78명이 승선했다. 그러나 여정은 시작부터 틀어지기 시작했고 성베드로 호와 성바울 호는 안개 속에서 흩어져 서로를 놓치고 말았다. 스텔러가 바다새와 해초를 관찰한 후 육지가 가까이 있다고 조언했지만 장교들은 그를 비웃었다. 매일 저녁 그는 일기에 장교들에 대한 불평을 늘어놓았다.

7월 16일에 성베드로 호의 선원들은 마침내 알래스카를 찾았다(스텔러는 그들보다 하루 일찍 육지를 발견했지만 아무도 믿어주지 않았다). 스텔러는 해안으로 올라가 미지의 야생을 샅샅이 탐험하고 싶은 마음이 간절했다. 하지만 아메리카 대륙을 찾자마자 베링은 임무를 끝마치기 위해 곧바로 집으로 돌아가려 했다. 일생동안 이 순간을 기다려왔던 스텔러는 광분했다. 나는 이쯤 되면 스텔러가 입에 노트를 물고 알래스카로 헤엄쳐가지 않았을까 하고 조금 기대했다. 그러나 스텔러는 다음날 베링에게 단 하루 동안만 해안가로 올라갈 수 있도록 허락을 받았고 정신없이 그 지역의 식물을 조사하여 144종의 식물을 기록했다. 스텔러는 낯선 조류들을 관찰했고 자신의 이름을 딴 3종의 새 중 하나인 선명한 청색 까마귀(스텔러어치)를 수집했다. 다음날 아침 성베드로 호는 닻을 올려 캄차카 반도로 향했다. 스텔러는 "준비에만 10년이 걸린 위대한 목적을 가지고 출발했지만 정작 10시간밖에는 허락받지 못했다"며 계속 불평을 퍼부었다.

이때부터 상황이 정말 곤란하게 돌아가기 시작했다. 선원들이 괴혈병으로 쓰러지고 만 것이다. 스텔러는 모두에게 신선한 물을 마시고 베리류와 허브를 먹는 이텔멘 현지인의 사례를 참고해야 한다고 조언했지만 또다시 무시당하고 말았다. 선원들이 죽어 나가는 와중에도 배는 상상할 수 없을 만큼 사나운 폭풍우를 통과

해야 했다. 미신을 믿는 선원들이 폭풍을 달래기 위해 동료의 시신을 배 밖으로 인정사정없이 던지는 동안 스텔러는 배를 직접 운전해야만 했다. 거센 폭풍 때문에 부서진 나뭇조각처럼 북태평양을 떠돌던 성베드로 호는 2개월이 흐른 1741년 11월 6일에 황량한 섬의 바위 위로 떠밀려 올라갔다.

캄차카 반도로 돌아왔다고 믿은 선원들은 구조를 기다렸다. 하지만 난파 며칠 후 머리를 긁적이며 해안가에 서 있던 스텔러는 눈앞에 펼쳐진 광경에 놀라고 당황할 수밖에 없었다. 얕은 물속에서 거대한 생명체가 물에 반쯤 잠긴 채로 누워 있었던 것이다. 곧이어 그 동물은 머리를 물 밖으로 내밀고 비공으로 염수를 밀어내며 부드럽게 숨을 내쉬었다. 십여 마리의 기이한 짐승들은 코를 킁킁거리며 만 전역의 얕은 물에서 숨을 내쉬고 있었다. 스텔러는 이 생명체가 무엇인지 전혀 감을 잡을 수 없었지만 여기

가 절대 캄차카가 아니라는 사실만은 확실했다. 그들을 구조해줄
사람들은 없었고, 그들은 스스로 살아남아야 했다.

· · ·

스텔러는 최선을 다해 괴혈병에 시달리는 선원들을 간호하고 보
살폈다. 질병과 기근, 폭풍, 갈증, 이, 눅눅함, 추위, 절망으로 가
득한 그의 기록은 지옥에서 온 보고서 그 자체였다. 스텔러는 "어
디로 눈을 돌려도 우울하고 무시무시한 광경 외에는 볼 수 없었
다"라고 적었다. 괴혈병에 걸리면 잇몸이 "스펀지처럼 붓고 진갈
색으로 크게 부풀어 치아를 덮어버리기" 때문에 사람들은 고통
으로 몸부림쳤고 음식을 먹을 수 없었다. 12월 8일, 빛나는 업적
을 이룬 베링은 "질병이 아닌 기근과 추위, 갈증, 해충, 슬픔에 잠
겨" 사망했다. 훗날 그를 기리기 위해 이 섬에 베링이라는 이름이
붙었다. 처음에는 호기심 많은 말썽꾸러기로만 여겼던 야영지 주
변의 북극여우는 점차 이들을 끊임없이 괴롭히기 시작했다. 여우
는 웬만한 물건은 모두 훔쳤고 시체를 파먹으며 사람들을 두려움
에 떨게 했다. 한 선원이 막사에서 소변을 보던 중에 여우 한 마리
가 '노출된 부위'를 물고 놔주지 않는 일도 있었다. 스텔러의 책을
읽으면서 내가 탐험가가 되려고 집을 떠나지 않은 것이 정말 다
행이라고 생각하게 된 순간이었다. 비록 죽음이 산재해 있었지만

변함없이 호기심 많고 투지가 넘쳤던 스텔러는 다행히도 건강을 유지하고 있었다. 선원들을 간호하는 중간에도 여전히 짬을 내어 새 관찰을 하기도 했다. 이 탐험을 통해 그는 최초로 거대한 바다사자의 서식지와 알록달록한 바다오리, 거대한 흰색 참수리, '우스꽝스러운' 안경가마우지를 발견했다. 그는 노트에 자신의 발견에 대해 꼼꼼하게 기록했다. 하지만 어떤 생명체보다 그의 마음을 사로잡은 생명체가 있었다.

최대 9미터 길이에 무게가 10톤에 달하는 스텔러바다소는 범고래만큼 길고 코끼리보다도 무거운 엄청난 크기의 해양포유류다. 이 섬의 다른 동물들과 같이 바다소에게 인간은 생소한 존재였기 때문에 스텔러는 물가에 쭈그려 앉아 만조 때 얕은 물에서 떠다니는 바다소를 쓰다듬을 수 있었다. 두꺼운 피부는 "우둘투둘하고 주름졌으며 고대의 떡갈나무 껍질처럼 거칠고 단단하고 딱딱해" 포식자와 암석, 빙하로부터 바다소를 지켜주었다. 몸체는 아주 비대하고 부력이 있어서 가라앉지 않았다. 이 거대한 바다소들은 무리를 이루어 만을 따라 거대한 코르크처럼 가만히 둥둥 떠다녔다. 빽빽하게 자란 켈프(해초의 일종)를 뜯어먹기 위해 거의 항상 머리를 물속에 넣고 있어 위험을 잘 감지하지 못했다. 두껍고 거칠거칠하지만 유연한 입술을 가지고 있으며 이빨 대신에 두 개의 뼈 판이 맷돌처럼 두꺼운 해초를 갈아주었다. 그리고 몇 분에 한 번씩 코를 물 위로 꺼내 "말이 콧바람을 내뿜듯이" 숨

을 쉬었다. 바다소는 이따금 코를 흥흥거리는 일을 제외하곤 얌
전히 둥둥 떠서 먹이를 먹는 중요한 임무에만 집중했다. 거대한
몸통은 점점 가늘어지며 끝이 갈라진 갈고리 형태의 꼬리로 이어
졌다. 꼬리는 수면 위를 강하게 때려 급가속하거나 양쪽으로 천
천히 움직이면서 바다소를 앞쪽으로 밀어주었다. 해초로 배를 채
운 바다소들은 해안가에서 멀리 헤엄쳐간 뒤 배를 위쪽으로 몸을
뒤집어 잠을 잤다. 스텔러의 기록에 담긴 바다소의 구애는 마치
로맨틱 소설처럼 느껴진다. 암컷은 물속에서 자신을 따르는 수컷
과 함께 앞뒤로 부드럽게 헤엄치다가 "피곤해서 어쩔 수 없다는
듯 벌러덩 드러눕는다." 수컷이 기회를 잡는 순간 거대한 바다소
두 마리는 서로의 "품으로 달려든다."

한편 야영지에서는 성베드로 호에서 살아남은 선원들이 스텔
러의 보호와 간호, 식단으로 서서히 몸을 회복하고 있었다. 물개,
해달과 함께 안경가마우지 역시 식탁에 올랐다. 몸집이 커 재빠
르지 못했던 안경가마우지는 잡기도 수월했다. 스텔러는 캄차카
에서 배운 요리 기술을 활용해 진흙으로 가마우지를 깃털까지 전
부 감싼 뒤 가열한 구덩이 안에 넣고 구웠다. 가마우지는 양이 많
았고 놀라울 만큼 맛있었다. 스텔러는 "한 마리로 허기진 남성
3명을 먹일 수 있었다"라고 적었다.

종달새의 노래가 봄의 시작을 알릴 때쯤 사람들은 탈출을 생각
하기 시작했다. 그들은 성베드로 호의 남은 부분을 해체해 집으

로 갈 수 있을 만큼 작은 배를 만들기 위한 계획을 세웠다. 그러나 근방의 야생동물 대부분을 잡아먹은 터라 배를 짓는 데 써야 할 귀중한 시간을 더 먼 사냥터로 식량을 구하러 가느라 소모해야 했다. 이 문제에 대한 해결책은 줄곧 바로 눈앞에서 둥둥 떠다니고 있었지만 선원들은 기력이 떨어져 무언가를 시도할 생각도 하지 못했었다.

* * *

3월이 되자 그들은 해안에서 바다소를 낚아 올리려고 했지만, 첫 시도는 힘이 센 바다소가 바다 쪽으로 갈고리와 밧줄을 끌고 가버리며 끝이 났다. 6월에는 6명의 남성이 배에서 고래작살을 던지고 해변에 있는 다른 30명이 작살에 맞은 바다소를 물가로 끌어올렸다. 바다소 사냥에 대한 스텔러의 글은 극적이면서도 가슴이 아프다. 작살을 든 사람들이 배를 타고 얌전히 바다에 떠 있는 바다소들 사이를 배회하다가 커다란 암컷 한 마리를 공격했다. 거대한 바다소는 물속에서 몸을 마구 휘저었고 선원의 총검과 칼이 울퉁불퉁한 피부를 꿰뚫어 피가 분수만큼 높이 솟구쳤다. 암컷 바다소를 돕기 위해 용감하게 달려든 바다소 무리는 꼬리로 열심히 작살을 빼내고 돌진해 배를 뒤집거나 밧줄을 끊어내려 했다. 암컷이 죽어서 해안가로 끌려간 뒤에도 수컷 바다소는 자신의 짝을 포기하지 않았다. 다음날 아침, 암컷이 해변에서 도살당하는 동안에도 수컷은 해안가 가까이에서 계속 암컷을 기다렸고, 암컷의 몸이 거의 다 사라진 3일째에도 자리를 지켰다.

스텔러는 사냥으로 철저한 과학적 조사를 할 수 있는 기회를 얻었지만 바다소 해체는 쉽지 않았다. 스텔러는 비와 추위, 밀물은 물론이고 노트를 가지고 도망치려는 집요한 여우와도 씨름해야 했다. 스텔러의 동료들은 목숨을 빚졌음에도 불구하고 그를 돕는 일에는 관심도 없었다. 그러나 바다소 내장에서 정맥 파열 때문에 혈압이 상승해 액체 형태의 분뇨가 뿜어져 나올 수 있다는 사실을 발견한 후에는 달랐다. 스텔러는 "장난처럼 갑자기 솟구친 분수로 지켜보던 사람의 얼굴이 흠뻑 젖는 일이 드물지 않았다"라고 기록했다.

스텔러는 바다소의 사체 안에서 1.75미터 길이에 폭 1.5미터의 엄청나게 큰 위장을 발견했는데 너무 무거워서 건장한 남성 4명이 밧줄로 운반해야 간신히 움직일 수 있을 정도였다. '식도부터 항문에 이르는' 전체 장관은 151미터로 실제 바다소의 몸보다 20배가 길었다.

조난자들은 이제 왕과 같은 삶을 누렸다. 바다소 고기는 '천상의 양식'이었다. 질 좋은 소고기 맛이 났으며 바다소 한 마리로 선원들이 2주를 먹을 수 있었다. 활기를 되찾은 사람들은 다시 새로운 배를 만드는 작업을 시작했다. 새로운 성베드로 호는 8월에 베링 섬을 떠나 항해를 시작했다. 전보다 배가 훨씬 작았지만 이제 는 태울 사람들도 얼마 없었기 때문에 괜찮았다. 생존자들은 집 으로 향하는 여정을 위해 수천 개의 값진 해달과 여우, 물개가죽, 바다소 고기가 들어 있는 통과 함께 비좁은 선체에 몸을 실었다. 스텔러는 바다소 뼈대를 통째로 싣고 싶었지만 자리가 부족해 성 공하지 못했다. 항해를 시작한 지 단 이틀 만에 캄차카가 모습을 드러냈다.

· · ·

78명의 선원들은 아메리카를 찾아나선 지 450일 만인 1742년 8월 27일에 46명이 되어 아바차 만으로 돌아왔다. 이들을 본 사 람들은 깜짝 놀랐다. 선원들은 오래전에 사망 처리되었고 그들의 재산도 다 정리되어버린 후였다. 선원들이 어디서 이렇게 많은 해달 가죽을 얻었는지 궁금해하는 사람들도 있었다. 수수께끼의 섬이라고? 값진 털을 두른 동물로 가득한 섬이 있다고? 물에 떠 다니는 거대한 소와 날지도 못하는 새들이 가득하다니! 사냥꾼 들은 즉시 수평선 너머 모피가 가득한 낙원을 목표로 삼아 떠났 다. 20년이 지나자 베링 섬은 아수라장이 되었고 수천, 수만 마리 의 동물들이 죽었다. 여우와 해달, 물개, 바다사자들은 떼죽음을 당했고 안경가마우지와 스텔러바다소는 도살자들의 배를 불리는 식량이 되었다.

배에서 바다소에게 작살을 쏘아 해안으로 끌어올리는 사냥법은 소규모 사냥꾼들에게는 힘든 작업이었다. 그래서 그 대신에 자고 있는 바다소를 쇠막대기로 찌르는 간편한 방법을 사용했다. 바다소들은 허우적거리며 바다로 도망치다가 천천히 죽었다. 그리고 일부 죽은 바다소의 몸체가 다시 해안으로 떠내려 오면 사체를 도축했다. 하지만 대부분의 사체는 그냥 떠내려갔다. 마지막 스텔러바다소는 1768년에 죽었다고 보고되었는데 스텔러가 발견한 지 고작 27년 후였다. 어마어마하게 큰 이 생명체는 1745년에 인접한 코퍼 섬에서도 발견되었지만 불과 9년 만에 사냥으로 멸종했다. 안경가마우지는 '식량으로 대량 살상'되었다. 현재 우리가 살아 있는 안경가마우지에 대해 알 수 있는 정보는 스텔러의 짧은 기록과 요리법뿐이다.

베링 섬에서 일어난 대학살에 대해 알지 못했던 스텔러는 몇 년간 시베리아를 가로질러 탐험을 이어가며 탐험 기록과 관찰문, 이론을 작성했다. 1746년에 그는 다시 상트페테르부르크로 향했는데 나는 스텔러가 그곳에 도착했다면 위대한 동물학자로 환영받았을 것이라고 생각한다. 그러나 그는 도착하지 못했다. 게오르크 스텔러는 37세의 나이에 시베리아의 소도시 튜멘에서 열병으로 사망했다. 그의 예언이 모두 실현된 셈이다. 사람들은 그의 시신을 붉은 망토에 감싸 얼어붙은 땅에 가매장했다. 하지만 죽음조차 스텔러의 탐험을 멈추게 하지 못했다. 근처에 살던 도굴꾼들이 시신을 파내고 붉은 망토를 훔친 다음 시신을 늑대에게 던진 것이다. 사람들은 유해를 다시 거두어 타라 강 끝자락에 매장했는데 둑이 침식되며 묻혀 있던 거대한 털복숭이 매머드의 뼈대가 드러났다. 시간이 흐르며 타라 강의 강둑이 무너졌고 스텔러의 뼈는 흘러나와 매머드의 뼈와 함께 휩쓸려 가버렸다.

• • •

그의 죽음 이후 스텔러의 노트 일부와 일기는 러시아 과학아카데미로 돌아와 번역 출판되었다. 10톤의 바다 괴물이 서식하는 섬에 대한 그의 글은 과학자들을 의아하게 만들었을 것이다. 바다소가 사냥으로 멸종한 뒤로 70년이 지난 1840년대에 들어서야 연구자들이 베링 섬에서 최초의 바다소 뼈를 발굴해 스텔러의 기록을 입증할 수 있었다. 베링 섬에서 스텔러의 발자취를 추적하고 애정 어린 전기를 편찬한 레온하르트 스티네거는 1882년에 바다소 두개골과 뼈 여러 개를 수집했다. 스티네거는 베링 섬의 바다소가 "한때는 훨씬 폭넓게 분포했던 종의 마지막 생존자들이며 그들이 해를 입지 않았던 이유는 사람들이 그때까지 그들의 마지막 지상낙원에 침범하지 못했기 때문이다"라고 기술했다. 바다소 뼈는 지금까지 알류샨 열도를 따라 떠 있는 모든 섬과

베링 해의 다른 섬에서 발굴되었다. 스텔러바다소라고 알려진 뼈들이 일본의 플라이스토세 매장층에서 발견되거나 미국 샌프란시스코 주의 남쪽에 있는 몬트레이 만 해저에서 건져 올려지기도 한다는 사실을 고려할 때 바다소가 한때 환태평양 전역에 분포했을 것이라고 추측할 수 있다. 현재까지도 발견되지 않은 스텔러바다소의 뼈가 상당수 존재할 것으로 예상된다. 2017년에 베링 섬의 해안지대를 조사하던 연구자들은 모래 위에 돌출된 머리가 사라진 6미터 길이의 바다소 늑골을 발견했다.

두개골과 늑골을 비롯한 바다소의 뼈 조각들은 전 세계의 50개 박물관에서 찾을 수 있다. 완전한 뼈대는 거의 도끼나 불로 인한 상처가 있는 베링 섬에서 도살당한 사체에서 나온 별개의 뼈들을 퍼즐조각처럼 끼워 맞춘 혼합물일 확률이 높다. 하지만 한 박물관만은 전 세계에서 가장 온전한 스텔러바다소 표본을 자랑하고 있다. 표본 번호는 710/1960, B1400이다.

· · ·

겨울의 발트 해는 스텔러솜털오리(쇠솜털오리)의 고향이다. 스텔러는 베링 섬 주변에서 빽빽이 무리지어 있던 매력적인 바다오리 떼를 발견했고 후에 사람들은 그를 기념하며 스텔러솜털오리라는 이름을 지어주었다. 나는 갑판 위에서 망원경으로 바다를 훑어보았지만 아무것도 찾지 못했다. 내가 발트 해의 다른 지점에 있기 때문일 것이다. 내 여행 일정 중 핀란드의 만을 지나가게 되는데 이곳은 스텔러의 여정과 교차하는 구간이다. 아직 스톨러였던 스텔러는 1743년에 이곳을 지나 상트페테르부르크를 향해 동쪽으로 항해했다. 그로부터 285년 후인 지금, 나는 탈린에서 북적이는 페리를 타고 북쪽으로 이동하고 있다. 아직까지는 성베드로 호에 탑승했던 스텔러의 여정보다 순탄하다. 배를 함께 탄 동료들 중 괴혈병의 징후를 보이는 사람은 없다. 유일하게 건강에 이상이 있어 보이는 사람은 프레디 머큐리처럼 옷을 입고 총각파티를 하고 있는 에스토니아 남자인데, 친구들이 퀸의 '어나더 원 바이츠 더 더스트'를 부르며 그의 입에 라거 맥주를 들이부었다. 결국 그 남자는 우리가 헬싱키에 도착할 때까지도 배 밖으로 구토를 하고 있었다.

핀란드의 자연사박물관은 앞마당에 자리한 쇠붙이 말코손바닥사슴과 메인 발코니에서 아래를 내려다보고 있는 두 마리의 기린을 보유한 웅장한 건물이다. 입장권 판매 부스에서 줄을 서서 기다리는 동안 나는 잠시 왼쪽 방향에 눈길을 주었고 그것을 보았다. 아프리카코끼리 너머 전면 계단 아래에는 쌍여닫이문이 긴 복도를 향해 열려 있었다. 그리고 '뼈의 역사' 전시관이라는 자부심에 걸맞게 스텔러바다소가 바둑판 모양 타일 바닥 위로 수십 센티미터 높이에 매달려 있다. 나는 직원이 15유로를 받기 위해 부스 유리를 두드려 내 주의를 끌 때까지 바다소를 보느라 완전히 넋을 잃고 있었다.

바다소의 크기를 제대로 알아보려면 그 옆에 나란히 서봐야 한다. 이곳의 바다소는 거대하지만 5.3미터 크기로 작은 편에 속하는 표본이다. 헬싱키의 이 어린 수컷 바다소 표본은 1741년에 스텔러가 부서진 성베드로 호를 타고 베링 섬에 도착하기 이전에 자연사하여 해안가로 휩쓸려왔다고 추정되는 희귀한 표본이다. 이 어린 바다소는 1861년에 발굴되기 전까지 온전한 상태를 유지하고 있었다. 울타리 말뚝처럼 두꺼운 늑골은 척추 아래로 늘어져 있고 치아가 없는 독특한 두개골은 영락없이 부리가 두툼한 새를 닮았다. 그러나 가장 당황스러운 점은 세상에서 가장 완전하다는 스텔러바다소의 뼈대가 아무리 봐도 불완전해 보인다는 사실이다. 뼈대에는 빠진 부분이 있다. 바로 손이다. 바다소의 팔은 손목에서 뼈가 끊겨 있다. 반면 바다소 주위에 매달려 있는 바다표범이나 돌고래, 심지어 가까운 친척인 듀공과 같은 다른 해양 포유류의 뼈대는 완벽한 지골을 뽐내고 있다. 앙상한 손가락뼈가 손이 없는 바다소를 조롱하는 듯하다. 과거 열정 넘치는 박물관 전시책임자들은 바다소의 실제 손 부분이 수송 중 분실되었다고 판단하고 바다소 표본을 '완성'하기 위해 석고로 손을 만들어 붙였다고 한다. 하지만 우리는 스텔러를 통해 손이 없는 앞발이 사실 바다소의 '가장 독특한 특성'이라는 사실을 알게 되었다.

"손가락의 흔적이 없는" 팔은 "절단된 사람의 팔"처럼 생겼고 두
꺼운 피부에는 쇠수세미와 같은 털이 덮여 있어 해조류와 해초를
바위에서 긁어낼 수 있었다. 뭉툭한 팔은 헤엄을 치고 바위에 몸
을 지탱하고 얕은 물에서 걷거나 서로를 껴안는 데 사용했다. 스
텔러는 "열정에 휩싸여" 서로 얼굴을 맞대고 껴안는 바다소를 자
주 관찰했다. 그리고 이렇게 적었다. "감탄할 만한 지적능력의 흔
적을 발견하지는 못했지만 바다소는 분명 서로를 끔찍이 사랑
한다."

　스텔러의 글은 바다소에게 생명을 불어넣었다. 스텔러가 없었
다면 우리는 바다소의 뼈 외에는 얻을 정보가 없어 이렇게 독특
한 생명체가 어떻게 살았고 왜 아무도 바다소의 손을 발견하지
못했는지에 대해 최대한 추측하는 수밖에 없었을 것이다. 이곳에
서 나는 바다소와 나란히 서서 스텔러가 1741년 11월 8일에 베
링 섬의 얕은 물속에서 평화롭게 헤엄치는 특이한 생명체를 보았
을 때 느꼈을 당황과 놀라움 일부를 공유했다. 기이한 뼈 덩어리
를 응시하며 서 있는 이 순간, 나는 나의 영웅과 조금 더 가까워진
듯한 느낌을 받았다. 그리고 그것만으로도 이 여정은 가치가 있
었다.

4장

Upland Moa, Megalapteryx didinus

고원모아

고원모아Upland Moa, Megalapteryx didinus

나는 렌트한 차의 네비게이션 안내를 제대로 이해하지 못해 좁은 시골길에서 길을 잃었다. 그러나 인내심을 발휘해 골짜기를 따라 조금 더 달렸고 가까스로 정차가능구역을 발견했다. "목적지에 도착했습니다"라는 음성을 들으니 안심이 된다. 차 밖으로 나오자 영국 전원 지역의 경관과 소리, 냄새가 나를 환영해주었다. 이곳 롤링 힐즈는 무성한 초목이 펼쳐져 있는 양 방목지다. 주변에는 익숙한 농지의 새들이 생울타리 사이를 날아다니고 있다. 노랑멧새와 푸른머리되새, 황금방울새를 비롯해 구름 한 점 없는 푸른 하늘 위 어디에선가 종다리가 열창을 한다. 하지만 이 영국다운 풍경 안에는 회로망에 발생한 결함처럼 변칙적인 요소가 하나 있다. 바로 수 세기 전에 석회석 벽의 돌출부에 그려진 어떤 오래된 낙서다. 이 낙서에는 날개를 활짝 펼친 거대한 독수리와 함께 육중한 몸에 뱀처럼 긴 목, 긴 다리를 가진 거대한 새의 모습이 숯과 동물의 기름으로 그려져 있다. 환상적인 이 생명체들은 영국의 신화나 전설에 등장하는 동물이 아니다. 이곳은 영국이 아니라 뉴질랜드이기 때문이다. 그리고 멀고 먼 옛날 뉴질랜드에는 이런 괴물이 실제로 존재했다.

· · ·

어렸을 때 우리 할아버지는 극장 아침 상영시간에 나를 데려가시

곤 했다. 나는 〈망각의 땅〉과 〈공룡 백만 년〉과 같은 영화에서 원시인이 공룡과 싸우는 모습을 보며 눈이 휘둥그레졌다. 그러나 나이가 들면서 인간과 공룡이 우리 행성에서 동시에 존재한 적이 없다는 슬픈 진실을 깨우치고 말았다. 사슴가죽 비키니를 입은 라켈 웰치(〈공룡 백만 년〉에 출연한 여배우)가 지금껏 나에게 거짓말을 했던 것이다. 이후 멸종동물 책을 읽으며 위안을 삼던 나는 시간이 흐르며 잊힌 나만의 수수께끼의 땅을 발견했다.

뉴질랜드의 탄생을 대작 영화로 그린다면 이야기는 이런 식으로 흘러갈 것이다. 때는 공룡 시대, 곤드와나 초대륙이 갈라지기 시작한다. 그때 저 아래 호주와 남극 근처에서 갈라진 한 대륙층 덩어리가 질란디아라는 새로운 신분을 가지고 홀로 떨어져 나가기로 결심한다. 진화가 한창이던 포유류들은 갈라지고 있는 청정 낙원의 대륙 조각에 대해 알게 된 뒤 그곳으로 가기 위해 출발했지만 질란디아는 최후의 몸부림과 함께 "잘 있어라, 겁쟁이들아"라는 벼락 같은 말을 남기며 자유롭게 떨어져 나간다. 포유류들은 너무 늦게 도착하고 말았다. 호주의 동부 끝자락에서 급하게 발을 멈춘 포유류들은 주먹을 흔들며 "아직 끝이 아니다. 두고 보자"라고 소리치지만 그들의 위협은 부서지는 파도 아래로 가라앉았다. 포유류들은 자신들을 배신한 대륙 덩어리가 수평선을 향해 나아가는 모습을 지켜볼 수밖에 없었다. 마침내 질란디아는 텅 빈 바다 한가운데에 자리를 잡았고 차갑게 식어갔다. 질란디아는 거의 대부분이 바다 아래로 가라앉았지만 지각 변동과 맹렬한 화산 활동에 힘입어 다시 일부가 기세등등하게 떠올랐다. 현재 질란디아는 7퍼센트가 물 위에 남아 있다. 아마 이 정도가 편집본이고 감독판은 8천만 년 분량일 것이다.

위로 솟아오른 질란디아의 7퍼센트 중 가장 큰 부분인 뉴질랜드는 육지 포유류가 살지 않는 땅이었다. 물론 박쥐 몇 종이 있었고 해변에는 해안가를 돌며 헤엄치는 바다표범과 바다사자, 고래, 돌고래가 가득했지만 숲이나 늪, 산에는 포유류가 없었다. 다른 대륙에는 사슴이나 들소, 기린, 코끼리가 있었던 반면 뉴질랜드에는 큰 초식동물들이 누구의 손도 타지 않고 무성하게 자란 초목을 누릴 수 있는 절호의 기회가 모두 공석으로 남겨져 있었다. 그리고 그것을 차지할 포유류가 없었기에 그 혜택은 모두 새에게 돌아갔다.

최근까지 과학자들은 모아 새가 갈라지는 질란디아 대륙에 무임승차했던 분리주의자이며 비행능력이 없는 곤드와나 새의 후손으로 뉴질랜드에서만 줄곧 살아왔을 것이라고 추정했다. 하지만 최근 유전학과 형태학 연구를 통해 놀라운 사실이 밝혀졌다. 모아의 가장 가까운 친척은 남아메리카 대륙 출신의 도요타조라는 닭 크기의 새이며 이 새는 날 수 있었다고 한다. 수백만 년 전 도요타조와 모아의 고대 조상들은 뉴질랜드로 날아가 풍부한 먹이를 발견했고 포유류가 없는 임상층(숲의 층상구조에서 가장 아래

층)에서 자유를 얻었다. 포식자의 압박이 없었기에 더 이상 숨거나 도망칠 필요도 없었다. 그래서 비행을 멈추고 날개를 잃었으며 몸집을 어마어마하게 불려나가기 시작했다.

소년 시절 나는 모아 새에 대해 읽으며 언젠가 이국적인 뉴질랜드의 외딴 섬에 가보고 싶다는 꿈을 꾸었다. 하지만 지금 여기 남섬의 동쪽 해안에서 내가 발견한 모습은 실망스럽게도 너무나 영국스럽게 느껴졌다. 19세기부터 유럽의 정착민들은 목장과 농장, 방갈로 주택, 로터리, 피쉬앤칩스 가게를 들여와 뉴질랜드를 영국의 복사판으로 탈바꿈시켰다. 심지어 영국인들은 자국의 야생동물을 들여와 현재 뉴질랜드의 전선 위에는 찌르레기가 가득하고 도로는 찌부러진 고슴도치로 뒤덮였다. 나는 지구를 한 바퀴 돌아 내가 출발했던 곳으로 되돌아온 듯한 느낌을 받았다. 그러나 적어도 더니든 시는 영국스럽지 않다. 스코틀랜드를 닮았을 뿐이다.

· · ·

케인 플뢰리는 모아와 함께 많은 시간을 보낼 수 있는 세상에서 가장 멋진 직업을 가졌다. 자연과학 보조 전시책임자인 케인은 나에게 세계적으로 큰 수집품 중 하나인 관절 연결식 모아 뼈대를 자랑하는 더니든의 오타고 박물관을 안내해주기로 했다. 우리가 박물관의 빅토리아식 전시실 중 한 곳에 매달린 긴수염고래 뼈대 아래를 지나고 있을 때 케인은 말했다. "우리 박물관은 모아 뼈의 도움으로 세워졌다고 볼 수 있죠. 오타고 지역은 여러 가지 다양한 모아종의 고향이라 모아의 유해가 풍부했거든요. 전 세계의 모든 박물관에서 모아의 뼈를 원하고 있었기 때문에 우리는 넘치는 뼈를 화폐처럼 사용했고, 이따금 다른 전시물과 교환하기도 했습니다."

박물관의 배열된 모아 전시물 가운데 서면 마치 내가 여러 모아 뼈대 중 하나가 된 듯한 기분이 든다. 뉴질랜드의 모아는 9종으로 크기가 아주 다양하다. 무리의 막내는 칠면조 크기의 작은 덤불모아로, 등 길이 90센티미터에 무게는 25킬로그램이다. 특별히 고리 모양의 호흡기관에 적응한 동쪽모아와 큰부리모아는 울음소리가 가장 시끄러운 종이었을 가능성이 높다. "모아가 어떤 소리를 냈을지는 짐작만 할 뿐입니다." 케인은 이렇게 말했지만 붐비는 박물관 안에서 그 소리를 재현할 용의는 없는 듯했다. 무거운발모아와 볏모아, 멘텔모아는 생김새가 기이하다. 땅딸막한 이 모아 새들은 육중한 몸을 지탱할 수 있는 짧고 통통한 다리를 가졌다. 짐작하건대 몸속에는 목질의 식물을 소화하는 데 필요한 거대한 장이 자리하고 있었을 것이다. 그리고 우리는 진정한 유명인사 북섬자이언트모아와 남섬자이언트모아를 만났다. 나는 박물관의 남섬자이언트모아 뼈대의 그림자 속에서 서보았다. 두 종의 암컷은 최대 몸무게가 250킬로그램까지 나갔고 등 길이는 2미터로 문틀 높이와 같았다. 믿기 힘들지만 자이언트모아가 목을 뻗을 수 있는 높이는 최대 3.5미터였으며 현재까지 알려진 새 중에 가장 크다고 한다.

　케인은 내게 자신이 가장 좋아하는 모아 전시물을 보여주었다. 2002년에 서펜타인 산 속 동굴에서 한 사냥꾼이 발견한 고원모아의 뼈대였다. 뼈 가운데에는 어미 몸 밖으로 나오지 않은 거의 온전한 상태의 연녹색 알도 있었다. 이 알은 현재 재건된 엄마 모아의 뼈대 속 올바른 위치에 복원되었다. 고원모아는 상대적으로 작고 민첩했으며 눈 내리는 아고산지대 서식지에서 걸어다니기 위해 적응한 크고 날씬한 발가락을 가지고 있었다. 케인이 뼈대의 자세를 강조했다. "다른 여러 박물관에 있는 모아 새는 크기를 과장하기 위해 목을 세운 자세를 하고 있습니다. 그런데 덤불 속을 걸어본 적이 있으신가요?" 케인은 물었다. "덤불이 너무 빽빽해서 그런 자세로는 모아가 멀리 이동할 수 없었을 거예요." 뱀처럼 몸 앞으로 목을 쭉 내민 뼈대는 자연스러운 상태의 자세를 반영한 것이다.

　내가 정말 보고 싶었던 전시물은 온도와 습도가 엄격하게 조절되는 협실 그늘에 누워 있었다. 바로 세계에서 가장 잘 보존된 모아의 유해인 고원모아의 다리 미라다. 고원모아의 다리는 센트럴 오타고 산맥 동굴의 건조한 공기로 인해 수세기 동안 보존 상태

를 유지했는데 케인이 지난달에 죽은
모아의 다리라고 말해도 믿을 정도
로 놀라울 만큼 생생해 보였다. 빽빽하
고 얇은 깃털이 아직도 허벅지를 덮고 있고
근육과 조직도 뼈에 붙어 있었다. 탈색된 갈고
리 발톱이 달려 있는 거칠거칠한 발은 영락없이 벨로
키랍토르를 닮았다.

　나는 케인에게 작별인사를 했다. 내가 그 다음에 케인
을 보았을 때 그는 강바닥에 보존된 모아의 발자국을
위해 강의 물길을 바꾼다는 내용의 TV 뉴스보도에
출현하고 있었다. 역시 멋진 직업이 아닌가. 박물
관의 카페 앞에는 1달러를 기부하면 우리에게
자신의 비밀을 털어놓는 신비스러운 모아의 유리섬유 모형이 서
있다. 동전을 넣으니 모아의 눈이 녹색으로 반짝인다. 내가 몸을
가까이 가져가자 모아의 목소리가 깊은 두려움을 고백한다. "우
리는 하스트독수리가 무서워요."

· · ·

수많은 초식동물들이 먹히지 않은 채 여유롭게 지낼 수 있었던
뉴질랜드에는 또 다른 공석이 있었다. 바로 최상위 포식자들을

위한 자리였다. 다른 대륙이었다면 이 자리는 사자와 늑대 같은 포유류에게 돌아갔겠지만 뉴질랜드에서는 그 자리를 감당할 수 없을 것만 같았던 새로운 포식자가 차지했다. 2,500만 년 전에 뉴질랜드에 도착해 살이 포동포동 오른 수많은 모아 새와 마주한 작은 이 독수리는 상대적으로 빠르게 진화해 원래 크기보다 10배가 큰 하스트독수리 Haast's eagle가 되었다. 독일의 탐험가 율리우스 본 하스트 Julius von Haast의 이름을 딴 이 거대한 맹금류는 날개 길이가 3미터에 달했고 무게가 최대 17.7킬로그램까지 나갔다(독일의 탐험가 게오르크 스텔러의 이름을 따서 스텔러수리라고도 한다). 현재 가장 무거운 독수리인 참수리보다 두 배가 더 무겁다. 하스트독수리는 뉴질랜드에서 모아의 천적으로 성장했다. 훼손된 모아의 뼈를 보면 하스트독수리가 급강하해 모아를 쓰러트린 다음 호랑이 발톱만큼 큰 강력한 발톱으로 골반 뼈에 구멍을 뚫거나 두개골을 부수었다는 사실을 알 수 있다. 굉장한 광경이었을 것이다. 모아는 이제 주변을 경계해야 했고 하늘에서 눈을 뗄 수 없었다. 게다가 발을 내디딜 장소까지도 살펴야 했다.

　나는 아래쪽에 눈길을 주지 않으며 출렁다리 위에서 조심조심 한 번에 한걸음씩 발을 내딛었다. 나는 절대 흔들리는 출렁다리 위에서 편안함을 느끼는 사람이 아니다. 그럼에도 나는 지금 겁에 질린 채 휘청거리며 남섬 오파라라 분지의 양치식물로 가득한 깊은 숲속 협곡을 반쯤 건너왔다. 내가 건너편에 도달해 발 아래

단단한 땅이 있음을 알아차릴 때쯤 안내원 빌 잭슨이 헬멧과 헤드랜턴을 건네주며 나를 동굴 안으로 이끌었다. 나는 빌이 쾌활하게 물과 시간의 합작으로 새겨진 지형 지질을 비추는 동안 주춤거리며 눅눅하고 서늘한 동굴 벽을 더듬더듬 붙잡았다. 이 지하미로는 70개의 입구로 인해 허니콤힐 동굴이라는 이름이 붙었다. 입구를 통해 들어온 반짝이는 햇살 줄기들이 칠흑 같은 어둠을 꿰뚫고 있었다. 이 입구들은 모아 새의 덫 역할을 하기도 했다. "탐험가들이 1976년에 이 동굴을 발견한 이후로 이곳에서 2톤의 뼈를 실어 날랐어요. 대부분 모아 새 6종 중 하나의 뼈였습니다." 빌은 손전등 불빛을 동굴 바닥에 비추어 석회암 석판 사이에서 모아의 뼈를 골라내며 나에게 설명했다. "저기 아래에도 엄청난 양의 뼈가 더 묻혀 있을 겁니다." 빌은 동굴 바위 위에 한데 붙여놓은 작은덤불모아의 완전한 두개골을 비추었다. "과학자들은 이곳에서 발견된 뼈가 600년에서 2만 년 전의 뼈라고 말했어요. 더 오래되었을 수도 있고요. 아시겠지만 과학자들은 단정짓는 것을 지독히도 꺼리니까요."

며칠 후 나는 다카카 언덕 밑에 있는 응아루아 동굴로 향하는 북적북적한 관광객 견학에 참여했다. 단체 관광객들이 조명을 받은 멋들어진 종유석을 바라보는 동안 내 눈은 동굴바닥에 아무렇게나 놓인 볏모아 뼈대에 고정되어 있었다. 안내원인 샤메인은 탄소 연대 측정결과를 보면 모아가 기원전 2만 2,900년경에 이 동굴로 떨어졌다는 사실을 알 수 있다고 설명했다. 그녀는 쭈그리고 앉아 물었다. "모아 뼈 만져보고 싶은 어린이 있나요?" 이 기회를 놓칠 수는 없었다. 샤메인이 어린이들 사이로 두툼한 대퇴골을 전달하는 동안 나는 뒤쪽으로 움직여 뼈를 건네받기 위해 무릎을 꿇고 아이들의 눈높이에 맞춰 앉았다. 작전은 성공했다. 나는 뼈를 받아들고 2만 5천 년 전 이곳에 떨어진 모아와 교감을 나누었다. 그리고 언젠가 뉴질랜드의 동굴에서 무릎을 꿇고 모아의 뼈를 손에 쥔 남자가 되길 꿈꿨던 40년 전의 한 소년과도 교감을 나누었다.

· · ·

땅에 뚫린 구멍과 위험한 늪, 무서운 독수리를 피할 수만 있다면 모아의 삶은 평화로웠을 것이다. 모아들은 조류가 점령하고 있는 잃어버린 이상한 세상에서 수백 년간 지배권을 쥐었다. 그러던 어느 날, 동쪽 바다를 건너 마침내 미래의 지배자가 도착했다. "어이 질란디아, 우리 기억하지?"

지난 8천만 년 동안 포유류는 바빴다. 일부는 직립을 하고 손을 사용하고 배를 만드는 법까지 깨우쳤다. 결국 인간은 약 1300년경의 어느 날 뉴질랜드를 발견했다. 카메라가 용골 3개가 달린 배에서 인간이 원형 경기장으로 발을 내딛는 역사적 광경을 비췄

다. "신사숙녀 여러분, 청코너는 국내파 영웅, 230킬로그램의 '나
무통 다리' 모아입니다. 홍코너는 바다 건너 3천 킬로미터 떨어진
곳에서 온 우리의 도전자, 72킬로그램의 순혈 폴리네시아인 인간
입니다." 이론상으로라면 모아에게 돈을 걸어야 하지만 이 싸움
은 이미 결판이 났다. 모아는 느렸고 유순했으며 상대를 두려워
하지 않았다. 그냥 다가가서 머리를 후려쳐 사냥할 수 있을 정도
였다. 뉴질랜드의 첫 번째 정착민인 마오리족은 굶주린데다 강력
하게 무장까지 했다. 치명적인 조합이 아닐 수 없다. 모아는 몽둥
이와 창, 함정, 올가미에 쓰러졌다. 사냥꾼들은 새의 사체를 공용
고기 가공장으로 옮겼다. 그리고 고기를 잘라 부족민에게 분배하
고 뼈는 조리장에서 나온 쓰레기를 모아두는 두엄더미에 높이 쌓
았다.

　넓은 와이타키 강을 가로지르는 뉴질랜드 1번 주립 고속도로
에서 나는 잠시 다리를 쉬게 해주기 위해 길 한쪽으로 차를 세웠
다. 이곳 해안가에는 최대 9만 마리의 모아새 뼈를 포함한 1천 개
가 넘는 두엄더미와 개방형 화덕이 묻혀 있다. 뉴질랜드 전역의
강어귀 대부분에 이런 부지가 있다. 나는 마오리족의 또 다른 사
냥지 아와모아를 찾아 계속해서 남쪽으로 이동하며 오아마루 시
너머에 있는 해안지대를 천천히 지났다. '고대의 뼈'라는 이름의
호텔과 들판 한가운데에 서 있는 3미터 크기의 모아 모형이 나를
환영해주지 않았다면 나는 연안지대를 빙빙 돌다가 거의 포기했

을지도 모르겠다. 여기가 바로 내가 찾던 장소인 듯했다.

　이 부지는 유명한 화석 사냥꾼 집안 출신이었던 한 남자가 발굴했다. 기디온과 메리 맨텔의 아들인 월터 맨텔은 1839년 19세의 나이에 새 삶을 찾기 위해 영국 서섹스 주를 떠나 뉴질랜드에 정착했다. 일자리를 구한 월터는 자신이 이 새로운 대륙에 4세기나 늦게 도착했다는 사실을 모른 채 탐험대와 함께 살아 있는 모아를 찾아 섬 내륙의 야생으로 떠났을 것이다. 1852년 11월에 기디온은 클래펌커먼에서 일어난 마차 사고로 수년간 끔찍한 고통에 시달리다가 아편을 과다 복용해 사망했다. 그 다음 달에 그의 아들인 월터는 묻혀 있던 아와모아의 두엄더미 사이에서 모아 유해의 '풍작'지를 발견했다. 월터는 마오리족 화덕에서 발견한 일부 숯을 이용해 돼지고기와 장어를 요리했고 자신의 요리에 '극상의 모아새 맛'이 가미되었다고 농담을 하기도 했다. 1852년 12월 29일, 월터 맨텔은 바로 이곳에 서서 눈앞에 펼쳐진 풍경을 그렸다. 나는 A4 용지에 출력한 월터의 그림을 펼쳐 팔 높이로 올려 잡고 멀리 보이는 산악 지역의 봉우리에 맞춰보았다. 산꼭대기의 모양은 아직도 그대로였지만 월터가 그린 그림과는 다른 점이 있다. 현재 이 풍경에는 등에 맨 커다란 꾸러미에 파묻혀 개울 아래로 휘청거리며 내려가는 5명의 남자가 없다. 그 꾸러미에는 런던으로 보내질 모아 뼈 수백 개가 가득 들어 있었다.

　빨간 백팩을 가슴 쪽으로 바짝 끌어안고 객실 창문에 비친 내 모습을 바라보는 순간 전철이 런던 지하터널로 빨려 들어갔다. 뉴질랜드에서 돌아오고 한 달 뒤, 나는 지역의 조류학 모임에 참석했다. 나는 차와 다과 너머에 앉아 있는 동료 탐조객에게 뉴질랜드 여행에 대해 이야기를 하자, 그는 난데없이 "모아 뼈 필요하세요? 저희 집 서랍 구석에 하나 있거든요"라고 말했다. 나는 믿기지 않아 비스킷을 차에 반쯤 담근 채로 굳어버렸다. "뭐라고요?" "모아 뼈 말이에요. 모아새에서 나온 뼈. 몇 년 전에 박물관 정리할 때 받았거든요. 아마도 당신이 저보다 더 좋아할 것 같아서요. 드릴까요?"

나는 모임이 끝난 후 집으로 돌아와 벽난로 위에 놓인 장식품과 가족사진 액자를 치웠다. 아크릴 진열장이 배달되었고 나는 소파에 앉아서 드라마 대신 모아 뼈를 정주행하기 위해 TV를 꺼버렸다. 35센티미터 길이의 뼈는 어둡게 착색되어 있었고 한쪽 끝이 깨져 있어 안쪽으로 빽빽한 벌집 구조가 들여다보였다. 매끄러워 보였지만 특정 각도에서 햇빛을 받으면 한쪽 면을 불꽃에 그슬린 듯 몇 군데 상처와 거친 그물 모양이 보였다. 나는 엑스칼리버를 위임받은 듯 뼈에 대한 책임을 경건히 받아들였고 뼈의 현 관리인으로서 모아에 대해 더 알아보아야겠다는 의무감을 느꼈다.

나는 나의 귀중한 수송품이 안전하다는 사실을 다시 한번 확인하기 위해 빨간 가방의 지퍼를 열고 손을 안으로 밀어 넣었다. 그리고 모아 뼈를 붙든 채 수 세기 전에 거대한 알 안에서 이 뼈가 형성되어 서서히 숲을 배회하는 덩치 큰 새로 성장하는 모습을 상상했다. 모아의 죽음과 창, 사냥꾼, 도살된 사체, 남반구에 뜬 별들 아래 벌어지는 부족의 잔치가 떠오른다. 그 뼈는 지금 여기 슬론 스퀘어와 사우스 켄싱턴 사이를 지나는 서클라인 철도 위에서 덜컹거리고 있다.

　요즘 같은 세상에 런던을 가로질러 모아 뼈를 운송하려면 스트레스가 이만저만이 아니다. 전철 객실 안에 있는 통근자 중 누구라도 모아 뼈 도둑이 될 가능성이 있으니 말이다. 조금 전 빅토리아 역에서 경찰 순찰대가 다가왔을 때도 나는 얼어붙고 말았다. 코카인이나 셈텍스(폭약)보다 거대한 뼈가 마약 탐지견 두 마리의 주의를 더 끌기 쉬울 것이라 예상했기 때문이다. 결국 목적지에 도착해 자연사 박물관 안으로 발을 들여놓고서야 나는 안심할수 있었다. "선생님, 가방 안을 확인해도 되겠습니까?" 경비원이 사무실로 나를 안내했고 나는 위축된 채 가방을 열었다. 경비원은 눈썹을 조금 들어 올렸지만 "이 뼈에 대해서 전시책임자에게 물어보고 싶어서 가져왔어요"라는 그럴듯한 설명을 듣고는 나를 안으로 들여보내주었다. 자연사박물관 안으로 거대한 뼈를 들고 들어가는 게 들고 나오는 것보다는 훨씬 덜 의심스러운 모양이다.

　안으로 들어온 나는 박물관에 찾아온 사람들을 환영해주는 어마어마하고 웅장한 힌츠 홀 전시실을 마주했다. 잠시 동안 나는 어린 시절에 이 경이로운 건물에 처음 방문했을 때처럼 그 규모와 웅장함에 압도되어 얼이 빠진 채 서 있었다. 모든 아치 길과 벽 감, 계단이 황홀한 전시물을 보여주겠노라 손짓하는 것만 같았다. 나는 어떤 곳을 고를지 결정하기도 전에 소리를 지르며 내 주변을 빙빙 도는 학생들에 포위되었다. 나는 기디온 맨텔의 이름을 딴 이구아노돈을 닮은 공룡, 만텔리사우르스의 안식처를 향해 학생들을 헤치며 나아갔지만 인파에 밀려 기념품 가게로 휩쓸리고 말았다. 미닫이문을 열자 비어 있는 승강기가 나를 초대하듯 손짓했고 나는 1층으로 올라갔다. 이곳은 좀 더 조용했다. 하지만 몸을 돌린 나는 어둠속에 서 있는 사악한 형상의 인영을 마주하고 말았다. 바로 모아 뼈를 들고 있는 한 남자였다.

• • •

까만 리처드 오웬의 동상이 쭉 뻗은 왼손에 모아 뼈를 든 채 내 앞에 서 있었다. 10년 전 마지막으로 보았을 때 오웬은 계단 맨 위에서 햇볕을 쬐며 힌츠 홀을 감독하고 있었기 때문에 이곳에서 오웬을 만난 나는 깜짝 놀랐다. 그 자리는 현재 찰스 다윈이 차지하고 있다. 사람들이 다윈과 사진을 찍기 위해 줄을 서고 있는 동안 다윈은 마법에 걸린 진화의 동굴 속 자애로운 산타클로스처럼 앉아 웃고 있었다. 마치 리처드 오웬이라는 어둠의 사루만에 대적하는 간달프와도 같은 모습이다. 동물학자 다윈의 동상은 2008년에 다윈의 200번째 생일을 기념하며 박물관에서 가장 좋은 자리로 위치를 바꾸었다. 그러나 다시 자리를 바꿔주려는 사람은 없었다. 리처드 오웬을 좋아하는 사람이 아무도 없었기 때문이다.

오웬이 뛰어난 해부학자라는 사실에는 의심할 여지가 없다. 종의 차이와 유사성에 대한 그의 이해도는 위대한 조지 퀴비에 외에는 대적할 상대가 없었다. 오웬은 유럽인들이 세계를 탐험해 놀라운 자연사의 발견을 이루었을 당시에도 단연 최고의 자리에 있었다. 모두가 그의 의견을 구했고 결국 그는 최초로 수백 종의 새로운 생물에 이름을 붙이고 기록한 사람으로 이름을 올렸다. '자연의 대성당'이라는 자연사박물관의 건축도 오웬의 발상이었음을 잊지 말아야 한다.

그러나 오웬이 해부학의 천재였을지는 모르지만 우리 이야기에서는 그를 악당으로 발탁할 수밖에 없다. 몹시도 야망 넘치고 경쟁심이 강했던 그는 모든 명예와 영광을 확실히 차지하기 위해 경쟁자로 인식한 사람들에게 갖가지 비열한 방법을 사용해 탈선과 불명예를 안겼다. 대표적으로 기디온 맨텔에 대한 피의 복수는 전설로 남아 있다. 심지어 기디온이 죽은 뒤에도 오웬은 괴롭힘을 멈추지 않았다. 그는 맨텔의 업적을 깎아 내리는 통렬한 익

명의 사망기사를 썼으며 심한 부상을 입은 불쌍한 기디온의 척추 뼈 일부를 유리병에 보관해 심각한 기형을 전시하기도 했다. 나는 여기서 기디온 맨텔이 박물관 구석으로 밀려난 리처드 오웬에게 전하는 최후의 발언을 허락하려 한다. "재능 있지만 악랄하고 질투심 많았던 한 남자의 굴욕이구나."

아쉽게도 런던을 가로질러 모아 뼈를 운반한 사람은 내가 최초가 아니었다. 1839년 10월 18일에 최초로 모아 뼈를 유럽으로 운반한 사람은 존 룰 박사였다. 나처럼 그도 전문가의 의견을 구하기 위해서였다. 당시 전문가였던 리처드 오웬은 가치 없어 보이는 뼈 한 자루를 가져온 낯선 사람에게 시간을 낭비하지 않으려 했지만 룰이 오웬을 설득해 뼈를 더 자세히 보게 되었다. 그리고 그 뼈는 가치 있고 특별했다.

그때 그 뼈는 대퇴골에서 부서진 15센티미터의 뼛조각으로 현재 힌츠 홀에 전시되어 있다. 나는 쭈그리고 앉아 벌집구조의 벽이 있는, 속이 빈 골간을 자세히 들여다보았다. 1839년 11월 12일, 리처드 오웬은 이 뼈를 레스터 스퀘어로 가져가 런던 동물학 협회에서 격주로 진행하는 모임에 참석했다. 퀴비에가 파리에서 무대에 올라 거대한 매머드와 마스토돈 뼈를 소개했던 때보다 43년 앞선 시기였다. 오웬은 과학자들의 마음을 사로잡으며 부서진 대퇴골의 해부학적 복잡성으로 주의를 끌었고 과학자들의 눈바로 앞에서 뼈를 이용해 새 한 마리를 창조해냈다. 아주 큰 새였다. 오웬은 어쩌면 타조 크기와 맞먹을 새가 뉴질랜드의 외딴 땅에서 멸종했거나 여전히 존재할 수도 있다고 선언했다.

위대한 리처드 오웬이 골학에 대한 천재적인 통찰력을 발휘해 뼈 한 조각으로 모아를 부활시킨 그날 저녁은 오웬의 경력에 결정적인 순간으로 기록되었다. 때문에 존 룰 박사가 오웬에게 그 뼈를 건네주며 뉴질랜드에 살았던 거대한 멸종 새의 뼈라고 말했다는 사실은 종종 잊히곤 한다. 모든 영예를 차지한 오웬은 더할 나위 없이 기뻤다. 이제 오웬은 '뉴질랜드의 거대한 새'에 대한 증거가 더 나타나기만을 기다렸다. 그리고 3년 뒤에 최초의 증거가 될 상자가 런던에 도착했다.

나는 파충류와 새 화석 전시책임자인 산드라 채프먼을 만나기 위해 거대나무늘보 아래에서 그녀를 기다리고 있었다. 산드라는 제 시간에 나타나 또다시 학생 무리에서 휩쓸릴 뻔한 나를 구한 뒤 조용한 박물관 보관실로 안내했다. 첫 번째 진열장을 여는 동안 산드라는 나에게 자연사박물관의 화석 새 소장품 중에 약 3분의 1이 모아 표본이라고 말했다. 산드라는 각기 다른 다양한 모아

종의 유해와 더불어 추가로 펑크 섬의 두꺼운 조분석 위에서 발굴한 큰바다쇠오리의 뼈를 보여주었다. "절망적이게도 영국으로 들어온 대부분의 모아 뼈에는 이름표가 붙어 있지 않아요." 산드라가 말했다. "그래서 정확히 어디서 언제 발견되었는지를 알 수 없죠." 그 말에 나는 번뜩 정신이 들었다. 그리고 가방에 손을 뻗어 나의 귀중한 모아 뼈를 꺼냈다. 산드라가 이 뼈에 대해 무언가를 알려줄 수 있지 않을까? "음, 이건 모아 뼈네요." 산드라가 확인해주었고 나는 안도했다. 다행스럽게도 지난 한 달 내내 내가 관찰했던 뼈는 타조 뼈가 아니었던 것이다(물론 타조에게 유감은 없다). 산드라가 말을 이어갔다. "대퇴골이에요. 그리고 꽤 보관 상태가 좋네요. 한쪽 끝이 땅에 묻혀 있어서 어둡게 착색되었을 거예요." 무슨 종의 뼈인지도 확인해줄 수 있을지 궁금했지만 유감스럽게도 그것은 불가능했다. 산드라는 설명했다. "나이와 성별 때문에 변수가 너무 많아요." 암컷 모아는 수컷보다 상당히 크다. 일부 종은 150퍼센트 정도 크고 280퍼센트나 무겁다. 뉴질랜드에서 빅토리안 시대의 영국에 도착한 각기 다른 크기의 모아 뼈는 그 차이가 너무 컸기 때문에 리처드 오웬은 모아가 18종이라고 주장했고 월터 로스차일드는 37종이라고 믿었다. 2000년이 되어서 과학자들이 모아를 11종으로 줄였고 2006년에는 10종, 2009년에는 9종으로 줄였다.

꽤 많은 양의 모아 뼈 상자가 마오리족 두엄더미 발굴을 통해 뉴질랜드를 건너 영국으로 도착했다. 월터 맨텔이 1856년에 직접 영국을 방문해 리처드 오웬의 감시의 눈빛 아래 상자를 열어 보기 전까지 1852년 아와모아 발굴에서 나온 뼈 상자는 굳게 닫혀 있었다. 이 상자에서 무거운발모아의 뼈가 최초로 확인되었고 후에 이 뼈는 재건되어 박물관의 거대나무늘보와 마스토돈 옆에 전시되었다. 맨텔과 오웬은 알껍데기 조각도 함께 개봉했다. 그리고 퍼즐 조각을 맞추듯 알 조각을 한데 연결해 십여 개의 거대한 모아 알로 재건했다. 맨텔은 아와모아의 발견이 "인간과 모아가 조화롭게 공존했다는 틀림없는 증거"라고 말했다. 이상한 논평이 아닐 수 없다. 왜냐하면 '조화롭다'거나 '공존했다'는 단어는 내가 모아와 인간 사이의 관계를 설명할 때 절대 사용하지 않는 단어이기 때문이다.

· · ·

나는 아와모아의 개울 위 다리를 건너 남섬자이언트모아의 실제 크기 동상을 바라보고 있다. 새가 나보다 1.25미터나 클 수 있다는 개념은 아직도 나를 충격에 빠지게 한다. 모아의 멸종 역시 믿기지 않기는 매한가지다. 14세기에 영국과 프랑스가 백년전쟁을 벌이고 흑사병이 유럽을 휩쓸었을 때 마오리족은 모아를 사냥했다. 그리고 모아는 마오리족의 배를 불려주며 뉴질랜드의 식민지

화를 위한 연료가 되었다. 이 과정은 기습에 가까웠다. 사람들은 모아 새끼와 성체를 무차별적으로 죽였고 알을 갈취했다. 사냥개 역시 어린 새를 무참히 공격했다. 모아는 번식을 할 수 있는 나이로 성장하기까지 10년이 걸렸고 매년 알을 1~2개만 낳았기 때문에 이 맹습에서 살아남을 만큼 빠르게 번식하지 못했다. 그렇게 인간이 이 섬에 들어온 지 불과 1세기만인 1445년경에 9종의 모아는 모두 멸종했다. 주된 먹이원을 빼앗긴 하스트독수리 역시 모아와 함께 사라졌다.

인간이 이 정도로 짧은 시간 안에 한 조류종을 멸종시킬 수 있다는 사실에 대해서 불신을 가진 사람들도 있었다. 그러나 2014년에 코펜하겐대학교의 모르텐 알렌토프트가 이끈 유전학 연구 팀은 멸종하기 전까지 400년간 모아의 개체 수가 안정적이었고 일부 경우에는 증가하기도 했다는 사실을 밝혔다. 알렌토프트는 말했다. "유전자 상으로는 모아가 멸종을 앞두고 있었다는 어떤 흔적도 없었습니다. 모아는 그곳에 있다가 그냥 사라져버린 거지요."

다시 차에 오른 나는 해안가 도로를 빠져나와 북쪽으로 향했다. 그리고 백미러를 통해 거대한 새 동상에 잠시 눈길을 주었다. 모아는 포유동물들이 찾아오기 전에 그랬듯 남태평양 너머를 바라보고 있었다.

5장

Huia, Heteralocha acutirostris

불혹주머니찌르레기

불흑주머니찌르레기 Huia, Heteralocha acutirostris

박물관 직원들은 슬그머니 안내소를 지나쳐 박물관 밖으로 나간 금발 소녀를 기억했다. 특별히 이상한 점은 없었다. 사람들이 전시관으로 들어가 무슨 일이 일어났는지 알아차렸을 때는 이미 한 시간이 흐른 후였다. 진열장은 한쪽 나사가 빠진 채로 비틀어 열려 있었다. 진열장 안에는 지난 100년 동안 그래왔듯이 반들반들한 검은색 새가 자신의 짝 옆에 나란히 서 있었다. 다만 새의 꼬리 깃털이 뽑히고 도난당해 사라진 상태였다. 그렇게 불혹주머니찌르레기는 살아 있을 때와 같이 죽은 뒤에도 사냥을 당했다.

. . .

불혹주머니찌르레기(이하 후이아)는 책에 등장한 모든 멸종동물들 중에서도 내가 가장 그리워하는 동물이다. 어린 시절 가장 좋아했던 에롤 풀러의 책 《익스팅트 버드》의 표지에서 후이아 두 마리가 그려진 고전적인 삽화를 본 순간부터 나는 후이아라는 특별한 새와 사랑에 빠졌다. 독특하고 이국적이며 특별한 후이아는 내가 새에게 기대하는 모든 특징을 갖추고 있었다. 모아처럼 후이아도 뉴질랜드에서 살았기에 나는 종종 침대에 누워 후이아가 날아다녔을 뉴질랜드의 외딴 숲을 상상하곤 했다.

후이아는 아랫벗찌르레기과의 일종인 뉴질랜드의 귓불꿀빨기새에 속한다. 귓불꿀빨기새 다섯 종의 이름은 귓불(육수)이라고

도 하는 턱 양쪽에 늘어진 밝은 색의 살집에서 유래했다. 윤기 나는 푸른 빛의 반질반질한 검고 매끈한 몸과 대조적으로 후이아의 육수는 밝은 오렌지색이다. 12개의 긴 꼬리 깃털은 끝이 순백색이며 부채꼴로 펼쳐서 이성에게 과시할 때 특히 두드러지는 형태다. 다리는 상대적으로 길었지만 날개는 눈에 띄게 짧고 둥근 모양이다. 후이아는 날 수 있는 거리가 짧았고 땅을 깡충깡충 뛰거나 곡예를 하듯 이 가지에서 저 가지로 도약해 숲속을 돌아다니곤 했다.

후이아에게는 놀라울 만큼 특이한 점이 있다. 나는 새의 부리를 묘사할 때 '주둥이Bill'나 '부리Beak'(Bill은 주로 오리처럼 끝이 납작하거나 둥근 부리를 뜻하고 Beak은 맹금류처럼 뾰족한 부리를 뜻한다)라는 단어를 사용하는데, 두 단어를 각각 어떻게 적용해야 할지 항상 고민이 되기 때문에 보통은 모양이나 새의 종류에 따라 다르게 사용했다. 그러나 후이아는 두 단어를 모두 사용해 설명할 수 있는 유일한 새다. 수컷 후이아는 굵은 곡괭이처럼 튼튼하고 끝이 뾰족한 부리를 가지고 있어 '부리'라고 부르는 것이 적합해 보인다. 반면 암컷 후이아는 길고 가늘며 아래로 굽은 부리를 가지고 있어 '주둥이'이라고 부르는 것이 더 맞는 것 같다. 몇몇 다른 새 종들도 성별에 따라 부리 구조에 약간의 차이가 있지만 후이아만큼 극단적인 경우는 없다. 이렇게 극도로 다른 부리로 무장한 암수 후이아들은 같은 서식지 안에서 서로 다른 생태 지위를 개척

했기에 먹이를 두고 직접적으로 경쟁하지 않았다. 수컷이 곡괭이 같은 부리로 마른나무를 힘차게 내려쳐 딱정벌레 유충을 파내는 동안 암컷은 길고 섬세한 주둥이를 집게처럼 이용해 깊은 구멍 속을 파고들어 유충이나 곤충을 간단하게 끄집어냈다. 일부 목격 자들은 후이아들이 함께 사냥을 하고 전리품을 나누었다고 주장 했다.

후이아는 뉴질랜드 북섬에서만 발견되었는데 북섬의 선사시 대 발굴지를 보면 한때는 널리 분포했다는 사실을 알 수 있다. 후 이아들은 높이 솟은 토타라 나무와 리무 나무(뉴질랜드의 토종 상록 수) 그늘 아래에서 함께 이동하며 고대 숲의 어두운 중심부에 살 았다. 후이아는 서로가 없이는 견딜 수 없다는 듯 항상 쌍으로 다 녔다.

• • •

뉴질랜드 토착민들에게 후이아는 '나뭇잎과 하늘의 왕'이나 마 찬가지였고, 마오리족 문화에서 중요한 자리를 차지했다. 지위 가 높은 마오리 부족민만이 끝이 하얀 후이아의 꽁지깃을 머리 에 착용할 수 있었으며 후이아에게도 지배계층의 지위가 주어졌 다. 후아이는 신성한 새였으므로 특정 계절에만 사냥을 할 수 있 었다. 사냥꾼들은 휘파람으로 울음소리를 흉내내 호기심 많은 후이아를 올가미가 있는 곳으로 유인한 뒤에 장대에 매단 올가미를 새의 머리에 씌웠다. 마오리족은 후이아 가죽을 정성들여 손질한 후 건조시켰고 머리는 펜던트처럼 한데 엮었으며 신성한 꽁지깃은 뽑아서 복잡한 모양으로 조각한 와카 후이아라는 나무 장식함에 보관했다. 마오리족장은 의식을 진행할 때 지위를 과시하기 위해 이 깃털을 꽂았다. 후이아 깃털 장식 12개를 모두 착용하면 전쟁을 위한 머리장식인 마레레코^{marereko}가 완성된다.

1840년에 유럽인들이 뉴질랜드에 정착하기 시작했을 때는 북섬의 남쪽 숲에서만 후이아를 발견할 수 있었다. 이때부터 신성한 후이아를 보호하는 마오리족의 규칙이 무너지기 시작했다. 이제 모든 사람들이 지위에 상관없이 후이아 깃털을 착용할 수 있었고 후이아 사냥은 점점 무차별적으로 이루어졌다. 고고한 유럽 정착민들은 사회적 지위를 나타내기 위해 새 장식품을 사용하는 마오리족의 별난 풍습을 비웃었을지도 모르겠다. 그러나 두 가지 부리 형태를 가진 후이아에 대해 알게 된 유럽의 수집가들은 과시용으로 멋진 꽁지깃을 가진 한 쌍의 새를 응접실에 두고 싶어 했다. 부유한 유럽 수집가들과 박물관, 동물원이라는 새로운 수요로 인해 사냥이 가속화되었다. 살아 있거나 죽은 상태로 유럽으로 운송된 수천 마리의 후이아는 빅토리아 시대 유럽사회에서 매우 높은 평가를 받았다.

• • •

조류학자 월터 불러^{Walter Buller}가 간절히 원하던 것이 바로 사회의 높은 평가였다. 1838년에 뉴질랜드에서 태어난 불러는 자신의 출생지에 불만을 가졌으며 유럽에서 태어난 동료들의 존경과 성과에 목마른 남자로 성장했다. 하지만 그 출신 덕분에 무엇보다도 값진 혜택을 가질 수 있었는데 바로 뉴질랜드 야생동물에 대한 방대한 지식이었다. '뉴질랜드 조류학의 아버지' 불러의 위대한 업적으로는 (1873년과 1888년에 출간된) 《히스토리 오브 더 버드 오브 뉴질랜드》가 있으며, 이 책은 다른 사람의 업적에는 악의적인 태도를 보이기로 유명한 리처드 오웬마저 칭찬을 했을 만큼 훌륭한 책이었다. 이 책의 상징인 후이아 삽화는 존 제라드 케울레만이 그린 것으로 아직까지도 뉴질랜드 전역의 기념품 가게에서 만날 수 있으며 뉴질랜드 사람들의 정신과 마음, 행주 안에서 후이아를 살아 숨쉬게 하고 있다.

따라서 나는 월터 불러를 좋아해보려 노력했지만 그것은 나에게 너무나도 어려운 일이었다. 왜냐하면 불러는 유럽의 동물학자들에게 후이아의 정보와 표본을 제공하기에 가장 유리한 지리적 위치에 있었고 그 이점을 십분 발휘했던 인물이기 때문이다. 그는 이 때문에 악당에 가까운 명성을 얻게 되었다.

불러는 감성을 불러일으키는 글로 후이아에게 생명을 불어넣었고 우리에게 이 새에 대한 많은 정보를 알려주었지만 그가 쓴 책의 일부 단락에서는 감정이 놀이기구처럼 오르내린다. 처음에 그는 분명히 애정을 담아 후이아를 묘사했다. "새들은 아름다운 부리로 서로를 애무했다." 그러나 같은 문장에서 그의 동행이 총을 집어 들고 "No.6의 탄약으로 두 마리 새를 함께 떨어트렸다." 이때 불러는 이렇게 표현했다. "조금 안타까운 사고였으며 내가 총을 쏘지 않았다는 사실에 안도했다." 그리고 두 손을 비비며 유쾌하게 결론을 내린다. "훌륭한 표본 두 개를 얻었으니 결코 애석하지는 않다."

오늘날의 관점에서 보면 후이아 사냥에 대한 불러의 글은 차마 읽기 힘든 수준이지만 불러는 생전에 겨우 30여 마리의 후이아를 죽였을 뿐이다. 당시로서는 매우 적은 수였다. 전해지는 이야기에 따르면 그 시절에는 한 사냥 집단이 한 달에 거의 650마리의 후이아를 죽이곤 했기 때문이다. 독일의 동물학자 에른스트 디펜바흐는 좀더 이른 시기인 1840년에 후이아 4마리와 마주쳤고 후이아의 멸종이 "멀지 않았을지 모른다"고 경고했다. 그리고 자신의 예측을 앞당기기 위해 그중에 3마리를 쐈다. 하지만 총보다 훨씬 큰 위험이 은밀하게 후이아에게 다가왔다.

. . .

나는 2번 주립 고속도로를 타고 뉴질랜드 북섬 남쪽을 향해 달리고 있었다. 눈에 보이는 것이라곤 북섬의 동쪽 지역을 장악하고 있는 풀이 무성한 방목지와 농경지뿐이었다. 이곳은 불과 얼마 전까지만 해도 고대의 나무와 거대한 나무고사리가 가득했고 칠흑같이 어두운 숲으로 둘러싸인 광활한 미개간지였다. 1872년에 덴마크와 노르웨이에서 이주한 21가구는 이곳에 데니버크 정착지를 세웠다. 나는 도시로 들어서면서 3미터 높이의 바이킹의 환영을 받았다. 건장한 스칸디나비아 정착민들은 이 숲에 자리잡기 위해 거대한 원시림에 불을 지르고 나무를 쓰러트리는 '관목 청소' 작업을 실시했다. 저지대가 불타면서 하늘은 검게 변했다. 사람들은 목재를 가공하기 위해 제재소를 만들고, 숲을 태우고 생긴 잿더미 속에 풀 씨앗을 심었다. 길들여지지 않았던 숲은 점차 방목지로 편입되었다. 뉴질랜드 전역에서 이와 비슷한 개척 작업이 진행되었고 후이아를 비롯한 여러 토착새들의 고향인 숲은 파괴되었다. 저지대 숲이 파괴되면서 추운 계절에 산에서 내려온 후이아들에게 필수적인 겨울 먹이 구역이 사라졌다. 후이아는 데니버크 인근에서 서쪽에 있는 루아히네 산맥의 숲으로 이동해야만 했다. 루아히네는 지나치게 바위가 많아 정착지가 되지 못하고 그대로 남아 있었기 때문이다. 하지만 그곳도 살아남은 후이아들의 안식처가 되어주지는 못했다.

모아를 비롯한 뉴질랜드의 토착 새들과 같이 후이아는 포유류 포식자가 전혀 없는 땅에 살기 적합하도록 진화했다. 후이아는 임상층에서 안전하게 먹이를 구했고 살금살금 다가오는 털복숭이나 송곳니를 가진 동물의 위협 없이 지상과 가까운 곳에 둥지를 지을 수 있었다. 그러나 1300년경 폴리네시아 배가 의도치 않게 시궁쥐를 싣고 최초로 뉴질랜드에 도착하자 모든 것이 변하기 시작했다. 그리고 500년 뒤에는 유럽 정착민들이 들어왔고, 고래잡이배를 타고 사악한 밀입국자뿐만 아니라 노르웨이쥐와 곰쥐도 유입되었다.

정착민들은 토끼라는 훨씬 무시무시한 동물을 의도적으로 수입하기도 했다. 사람들은 토끼를 식량이나 사냥을 위해, 혹은 고향을 추억하려는 목적으로 뉴질랜드에 들여왔는데 포식자가 없었기에 개체 수가 기하급수적으로 늘어났다. 토끼는 새로 지은 귀한 목초지를 야금야금 뜯어먹었고 그 결과 양의 개체 수가 줄어들게 되었다. 목장주들은 광분했고, 곧 간단한 해결책을 찾아냈다. 바로 토끼의 포식자를 수입하는 것이었다. 동물학자들은 반대했지만(놀랍게도 월터 불러는 이 주제에 대해 전혀 언급하지 않았다) 양 목장주들의 주도 아래 민주적인 투표가 시행되었다. 그리고 1882년에 정부는 담비와 족제비, 흰담비를 수입해 풀어놓기 시작했다. 한 동물학자는 "정부 청사 뒷마당에서 담비와 족제비가

가득한 상자들을 보았다"고 회상했다. 그리고 이렇게 덧붙였다. "그 동물들이 토착 조류군에게 무슨 짓을 할지 내가 조금이라도 알았다면 그 동물들을 한 마리도 상자에서 내보내지 않았을 것이다." 집요한 쥐와 담비를 비롯한 여러 수입 포유류들은 순진한 토착새들로 차려진 '무한 리필' 뷔페를 발견했다. 모두 날카로운 이빨의 해일 같은 공격에 몸도 마음도 준비가 되지 않은 새들이었다. 승산은 없었고 숲은 침묵에 빠졌다.

• • •

나는 목적지인 데니버크 역사전시관에 차를 세운 뒤에야 전시관이 한 시간 전에 문을 닫았다는 사실을 확인했다. 여기까지 오기 위해 먼 곳에서 이동해오면서 한 번도 운영시간을 확인할 생각을 하지 못한 바보 같은 나 자신이 어리석게 느껴졌다. 하지만 창문에 적인 안내문을 보니 나 같은 바보들은 낸시에게 전화를 하면 된다고 한다. 5분 뒤에 전시관장이자 멋진 시골 박물관에서 직원으로 일하는 헌신적인 자원봉사 팀의 일원인 낸시 위즈워드가 도착해 기꺼이 나를 안으로 들여보내주었다. 전시관 안에서 나는 스칸디나비아 유산을 담은 도시의 전시물과 100년 전에 데니버크의 시내 중심가를 휩쓸고 간 화재의 사진, 지역 산업의 이름으로 양각된 방대한 펜촉 수집품 등을 발견했다. 하지만 내가 여기서 보고 싶었던 전시물은 단 한 가지였다.

2012년에 지구 반대편에 있는 작은 박물관에서 후이아의 꽁지깃이 도둑맞았다는 온라인 기사를 보고 나는 어린 시절의 내가 사랑에 빠졌던 새를 떠올렸다. 그리고 수년 후 나는 그 범죄의 현장을 방문했다. 지금 나는 아름다운 검은 새 두 마리가 자리한 전면 유리 진열장 앞에서 숙연히 서 있다. 이 후이아 한 쌍은 데니버크 북서쪽에 있는 포항기나 계곡에서 마지막으로 발견되었다고 전해진다. 1889년에 총을 맞은 후이아들은 보통 결혼선물로 보내졌다고 한다. 멸종위기에 처한 새를 몰살하지 않고 신혼부부의 행복을 빌어주는 좋은 방법은 없었을까? 낸시는 전시홀에서 아마도 금발이었을 도둑이 억지로 후이아 진열장을 열고 수컷의 꼬리를 훔쳤던 2012년 그날의 사건에 대해 이야기했다. 현지 신문은 박물관 직원이 "엄청난 충격을 받아 몸져누웠다"라고 보고했다. 한 경찰관은 "우리의 역사와 유산 일부를 잃었다"라고 말했다. 뉴질랜드 국립박물관 테 파파^{Te Papa}의 콜린 미스켈리 박사는 이를 "군사박물관에서 훈장을 훔친 도둑과 다를 바가 없는 (⋯⋯) 개인의 탐욕을 보여주는 대표적인 예"라고 말했다. 낸시는 이렇게 회상했다. "암컷의 꼬리는 온전했지만 헝클어져 있었어요. 도둑이 함께 훔치려다가 실패했던 것 같아요." 그 이후로 수컷 후이아의 꼬리는 복구되었다. "수컷 후이아의 꼬리는 수선을 보내 꼬리를 채색한 칠면조 깃털로 교체했어요." 낸시가 설명했다. 진열장 곁에 있는 안내문은 도둑에 대해 언급하며 전시물의 '진위성이 타협에 의한 것임'을 시인했다. 나는 안내문을 읽으며 한 세기 전에 후이아를 몰살시켰던 탐욕이 오늘날까지도 여전히 세상에 퍼져 있다는 사실을 되새겼다.

· · ·

며칠 후 나는 남쪽으로 160킬로미터 떨어진 뉴질랜드의 수도 웰링턴으로 향했다. 나는 콜린 미스켈리 박사를 따라 지상에서 수 미터 깊이 아래에 있는 지하 저장고를 향해 보안문 여러 개를 통과해 내려가며 그에게 데니버크에서 깃털을 훔친 도둑 이야기를 꺼냈다. 콜린은 "놀랍지도 않다"고 말했다. 콜린은 뉴질랜드의 조류학자 겸 환경보호가로 관련 정보의 집합체인 뉴질랜드 버드 온라인 웹사이트의 설립자이자 테 파파 국립박물관에서 척추동물 전시책임자로 일하고 있다. 높은 철제 보관장으로 가득한 보관소 구석에 있는 한 보관장에 다가서는 동안에도 나는 도둑에 대해 계속 이야기하고 있었다. 내 이야기를 듣던 콜린은 "글쎄요. 방금 말했듯이 그다지 놀랍지도 않아요"라고 말했다. 그는 보관장의 문을 열어 금속 수납함을 잡아당겼다. 처음에 나는 영안실의 시체처럼 쟁반에 누워 있는 그 형상을 알아보지 못했다. 그것은 후이아였다. 그리고 이 새도 역시 꼬리가 없었다. 다른 쟁반에도 마찬가지로 꼬리가 없거나 꽁지깃이 몇 개만 남아 있는 표본이 더 담겨 있었다. 박물관에 소장품으로 기증된 후이아 표본의 상당수가 꼬리가 없는 상태로 도착했다고 한다. 이제 경제적 가치가 문화적 중요성을 대체했을 뿐, 후이아 꼬리에 대한 집착은 아직 끝나지 않았다고 콜린은 설명했다. 2010년에 열린 경매에서는 전화 입찰자가 후이아 꽁지 깃털 하나 가격으로 세계 신기록인 8천 뉴질랜드달러(한화로 약 640만 원)를 불러 구매하기도 했다. 현재까지도 후이아 깃털은 뉴질랜드의 인터넷 경매 사이트에 종종 등장한다.

콜린은 다른 보관장을 열었고 나는 온전한 꼬리를 달고 나란히 서 있는 자세를 취한 후이아 무리를 보고 감탄했다. 테 파파 박물관은 약 40점의 후이아 가죽을 보유하고 있다. "후이아는 뉴질랜드에서 가장 흔한 멸종동물이에요." 이렇게 말한 콜린은 전 세계에서 유일하다고 알려진 아주 특별한 후이아 알을 보여주었다. 탈지면이 깔린 보관함 위에 깨진 알껍데기 조각이 놓여 있다. 테 파파가 보유한 유물 중에는 내가 관심을 가진 독특한 유물이 또 있다. 이 박물관에는 메리와 기디온 맨텔이 서섹스에서 발견하고 아들인 월터가 뉴질랜드로 들여온 이구아노돈의 이빨이 보관되어 있다. 나는 그 상징적인 화석을 볼 수 있는지 물었지만 콜린은 안타깝게도 현재는 불가능하다고 설명했다. 나는 누군가 콜린에게 본국으로 화석을 송환하길 바라는 수상한 영국인을 조심하라고 경고하기라도 했는지 궁금해졌다. 부스 박물관의 맨텔 전시 진열장에 돌려놓으면 확실히 멋질 것 같긴 하다.

1890년대에 후이아는 총과 토끼, 고양이, 담비, 족제비의 무자비한 맹공격에 멸종 당할 위기에 처했다. 후이아에게는 자신들을 위해 맞서 싸울 영웅이 필요했다. 마침내 구세주가 나타났지만 그 구세주는 혼자서는 제대로 일어서지도 못하는 어린 아이였다. 뉴질랜드 총독의 아들인 15개월의 빅터 온슬로는 마오리족의 신성한 새의 이름으로 중간이름을 짓고 세례를 받았다. 빅터 후이아 온슬로라는 이름을 제안한 월터 불러는 총독에게 환심을 얻기 위해 갑작스레 후이아 보호활동에 관심을 가졌고 마오리족 지도자와 어린 빅터의 만남을 주선했다. 마오리족은 신성한 새에 대한 보호활동을 승인해 "당신의 아들이 자랐을 때 자신의 이름을 가진 아름다운 새를 볼 수 있도록 해달라"고 온슬로 총독에게 간청했다. 그리하여 후이아는 1892년부터 공식적인 보호를 받기 시작했고, 15개월의 후이아 온슬로가 보호 선언문에 서명을 했다 (사실 서명이라기보다는 구불구불한 선에 가까웠다). 하지만 불러는 겉으로는 새의 보호를 주선하면서 뒤로는 사냥꾼들에게 숲으로 가서 더 많은 후이아 표본을 가져오라고 명령했다.

영국에서 온 위협은 담비와 족제비뿐만이 아니었다. 1901년 6월 15일, 훗날 조지 5세가 된 요크 공작은 북섬에 있는 로토루아 지역 소도시에 행차했다. 그날 공작은 (자신은 몰랐겠지만) 후이아의 사형 집행 영장에 서명을 하고 말았다. 당시 공작의 안내를 맡았던 마오리족 메기는 그를 환영하고 존경한다는 표시로 끝이 흰 후이아의 꽁지깃을 선물로 바쳤다. 전 세계 신문을 통해 수많은 사람들이 공작의 모자에 달린 멋진 깃털을 보게 되었고, 후이아는 유행의 희생양이 되었다. 오클랜드부터 런던까지 깃털을 모자에 달고 싶어 하는 사람들 때문에 후이아 보호 선언은 잊혀졌고 사냥이 재개되었다.

후이아가 살아남을 가능성이 모두 사라진 듯했다. 하지만 마지막 희망이 남아 있었다. 새롭게 제안된 해결법이 탄력을 얻은 것이다. 사람들은 후이아와 같이 생존을 위협받는 새들을 포획해 포식자가 없는 섬으로 이주시키면 새로운 안식처에서 조류가 새롭게 개체 수를 늘릴 수 있을 것이라고 생각했다. 새들을 이주시킬 섬이 정해졌고, 이 섬들은 뉴질랜드의 남섬과 북섬에서 포식자들의 맹공으로 개체 수가 줄어든 조류에게 구명줄이 되어줄 예정이었다. 1902년에 정부의 승인을 받은 구조 활동이 시작되었다. 그러나 각 정부 부처에서 진행한 운송 과정은 엉망진창이었다. 한 번은 후이아 세 마리를 잡아 카피티 섬에 방생하기 위해 가두었는데 새를 가지러 오는 사람이 아무도 없어서 다시 숲에 놓아준 적도 있었다. 정부의 지원을 받는 어떤 사냥꾼은 살아 있는 후이아 두 마리를 포획해 포식자가 없는 리틀베리어 섬으로 보낼 예정이었다. 이 새 한 쌍이 종 전체를 멸종으로부터 구원할 수도

있었다. 무사히 도착한다면 말이다.

그러나 월터 불러의 생각은 달랐다. 그는 귀중한 새들을 보호 활동에 낭비해야 할 필요가 없다고 생각했던 것 같다. 때마침 불러의 부유한 영국 지인이 새로운 동물원에 전시할 후이아 표본 두 개를 구하고 있었고, 불러는 다음과 같은 편지를 썼다. "친애하는 로스차일드, 드디어 자네를 위해 살아 있는 아름다운 후이아 한 쌍을 구했다는 말을 전하게 되어 매우 기쁘네." 트링 동물원의 월터 로스차일드가 기뻐하며 큰 손을 비볐음은 말할 필요도 없을 것이다. 불러는 법을 어기고 새 한 쌍을 가로채 영국으로 운송했다. 하지만 도착했다는 증거는 없다.

· · ·

나는 매년 내 친구와 가족의 생일은 잊어버리더라도 12월 28일만은 어린 시절부터 잊지 않고 기억해왔다. 그날은 1907년에 월터 윌리엄 스미스가 타라루아 산에 서서 역사상 마지막 후이아가 날아가는 모습을 목격했던 날이다. 스미스의 목격담은 항상 후이아의 멸종 날짜로 인용되곤 한다. 진실성과는 상관없이 이 날짜 이후로 전해지는 목격담은 전부 채택되지 않았다. 그러나 2017년 로스 갈브레스가 상세한 수사 결과를 발표했다. 그는 스미스의 이동 경로를 추적했고 1907년 12월 28일에 그가 있었다고 말했던 장소에 있을 수 없었다고 결론 내렸다. 그러므로 이 목격담도 신뢰할 수 없는 증언으로 분류해야 한다. 애초에 이 목격담이 왜 '마지막'으로 인정받게 된 걸까? 1920년대까지 웰링턴 항구 동부 쪽에서는 굉장히 신빙성 있는 후이아 목격담이 등장했다. 후이아가 사진에 찍혔다는 증언도 있었지만 어쩌면 유일한 살아 있는 후이아의 사진일 수도 있는 이 증거는 지금 남아 있지 않다. 2016년 생태학자 니키 맥아더는 고대 숲의 조류학 기록으로 날짜를 수치화했고, 우연히 이전에는 보고되지 않았던 1924년의 후이아 목격담을 발견했다. 아카타라와 숲 끝자락에서 휘파람으로 개를 불렀는데, 그 개가 후이아를 쫓아갔다는 목격담이었다. 1920년대까지도 후이아가 살아 있었을 수도 있다는 데 많은 사람들이 동의하지만, 그 이후로 나타난 목격담은 신뢰하기가 어렵다.

우리에게는 부서진 알, 박제된 표본, 전 세계로 흩어진 가죽만 남았다. 하지만 그 외에도 살아남은 것이 있다. 바로 후이아의 노래다. 누구도 후이아 사진을 찍거나 소리를 녹음한 적은 없지만

1949년에 로버트 배틀리는 놀라운 선견지명으로 헤나레 하마나가 후이아 소리를 흉내내는 것을 녹음했다. 헤나레는 후이아의 울음소리를 흉내내 후이아를 꾀어내던 고령의 마오리족 사냥꾼이었다. 레코드판이 치직거리며 헤나레가 외로운 후이아의 노래를 부르는 소리가 들린다. "우이아, 우이아, 우이아. 어디 있니? 어디에 있니?"

• • •

위풍당당한 리무와 미로 나무(뉴질랜드의 토종 상록수) 그늘 아래 개울이 흐르고 물줄기가 천천히 깊어진다. 오롱고롱고 강이 리무타카 산맥의 우거진 숲 산등성이로 굽이쳐 들어가는 등산로에서 방금 전까지 놀라운 속도로 걷던 조지 깁스가 멈춰서 숨을 돌렸다. 함박웃음을 지으며 조지는 "여기가 바로 후이아의 고향입니다"라고 말했다. 조지는 뉴질랜드의 저명한 동물학자로 나는 그의 책《고스트 오브 곤드와나》를 뉴질랜드의 생명체 진화에 대한 도입부에 인용했다. 그는 자신의 할아버지 조지 허드슨의 뒤를 이은 곤충학자이기도 하다. 1895년 웰링턴 우체국에서 교대 근무자로 일하던 허드슨은 낮에 곤충을 찾아다닐 시간을 내기 위해 '서머타임제'라는 아이디어를 제안했다. 이것이 인기를 얻었고 125년 뒤 우리는 아직도 일 년에 두 번 허드슨의 취미 시간을 제공하기 위해 시계를 맞추는 가벼운 혼란을 감수하고 있다. 그의 손자인 어린 조지는 할아버지의 열정적인 수집 여행을 함께하며 병과 약상자가 든 주머니에 딱정벌레, 나비를 가득 채우는 할아버지를 바라보았을 것이다.

　오늘은 내가 리무타카 산맥의 캐치풀 등산로를 따라 올라가는 열정적인 조지와 그의 아내 키나를 열심히 따라갈 차례다. 나는 조지에게 어린 시절 꿈꾸었던 후이아가 살던 장소로 데려가 달라고 부탁했다. 조지는 보물지도나 다름없는 1937년 4월 5일자 웰링턴의 《이브닝 포스트》를 오려낸 신문조각을 나에게 건네주었다. '아름다운 명금 이제 멸종하다'라고 적힌 제목 밑에 적힌 기사는 A.H 메신저의 회상과 1901년 그가 친구와 함께 갔던 등산 이야기를 담고 있다. 이 회상에 '탐험대에게 엄청난 짜릿함'을 선사할 후이아 한 쌍을 마주한 장소에 대한 단서가 숨어 있었다. 숲으로 들어서는 내내 나는 조지와 키나를 따라잡으며 열심히 기사를 읽었다. 기사에 따르면 메신저의 친구가 후이아의 울음소리를 휘파람으로 흉내 내자 새 한 쌍이 "고사리와 서플재크(청사조류의 덩굴식물 - 역자 주)에서 튀어나와 우리를 골똘히 쳐다보았고 오렌지색 육수를 과시하면서 머리를 이리저리 돌렸다. 인간에 대한 두려움은 없었다"고 했다. 그의 이야기를 읽으며 나는 이쯤이면 메신저가 총으로 손을 뻗었을 것이라 예상했지만 그와 그의 친구는 그저 '진귀하고 아름다운 새'와 교류하는 영광과 특혜를 만끽했

다. "우리가 자신들과 같은 종이라고 생각하는 듯 우리의 움직임
에 분명한 호기심을 보였다."

풍경에서 미세한 변화라도 감지한 모양인지 조지가 멈추어 주
변을 관찰하더니 경건하게 선언했다. "여기에요. 여기가 바로 후
이아의 고향입니다." 우리는 멈춰서 산골짜기로 굽어지는 개울가
그늘에서 숨을 돌렸다. 조지는 메신저가 1901년에 이곳에서 후
이아를 마주쳤다고 믿는다. 황금빛 햇볕이 고대의 나무가 드리운
어둠과 대조를 이루며 나무고사리와 높이 솟은 토타라 나무 꼭대
기에서 흘러내린다. 후이아는 한때 이곳에 존재했고 매끈한 몸으
로 그늘 아래를 뛰어다녔을 것이다. 저기 있는 썩은 그루터기 위
에 부리를 내려찍어 먹이를 캐냈을지도 모른다. 그리고 바로 저
기 이끼 낀 나뭇가지에서 끝이 흰 꽁지깃을 흔들며 서로를 부르
고 애무했을 것이다.

조지와 키나는 등산로를 따라 내려가기 시작했고 나는 잠시 홀
로 멈추었다. 이곳은 내가 줄곧 상상했던 그대로였다. 나는 산골
짜기 끝에 서서 입술을 모아 휘파람을 불었다. "우이아, 우이아,
우이아. 어디 있니? 어디에 있니?" 대답을 기다리지만 돌아오는
것은 침묵뿐이다.

6장

Callaeas cinereus

남섬코카코

남섬코카코 Callaeas cinereus

여자는 불편할 정도로 가까운 거리에서 서성대다가 내 눈을 똑바로 응시한 채 내 손을 꼭 쥐고 듣고 싶지 않았던 말을 던졌다. 10분 전까지 나는 바람이 휘몰아치는 탐조용 오두막 안에 홀로 앉아 있었다. 이 목재 오두막은 뉴질랜드 북섬 연안의 템스 만과 맞닿은 외딴 모래톱 위에 있다. 나에게 텅 빈 오두막은 신성한 사원과도 같다. 나는 이 신성한 오두막 안에서 방해받지 않은 채 자연 경관을 관찰하면서 명상 상태에 이르렀다. 지구 반대편 반구에 있는 특별한 오두막 안으로 쏟아지는 1월의 열기 속에서 모래 위로 종종거리는 낯선 바다새들을 관찰하고 있으니 몸과 마음이 점점 가벼워졌다. 나에게 친숙한 것은 모두 지구 반대편에 있다.

그러나 나의 고요한 평화는 수다스러운 연인의 등장으로 사라졌다. 갑자기 등장한 이 연인은 새 관찰에 관심이 있다기보다 그저 인적이 드문 해변에 왜 창고가 세워져 있는지 궁금한 듯했다. 인사를 주고받다가 서로 영국에서 왔음을 알게 되자 당연한 수순으로 후속 질문이 이어졌다. 그런데 알고 보니 우리는 같은 마을 안에서도 몇 골목 떨어지지 않은 곳에 살고 있었다. 그렇게 내가 깜짝 놀랄 만한 우연을 받아들이고 있을 때 네 번째 방문자가 오두막에 들어왔다. 그는 고개를 까딱여 인사를 한 뒤 민첩하게 망원경과 삼각대를 조립하며 말없이 새 관찰에 대한 권리를 행사했다. "성이 어떻게 되세요?" 연인이 물었다. 나는 "블렌코우입니다"라고 답했다. 그때 네 번째 방문자인 조용한 새 관찰자가 몸을 돌리더니 "혹시 마이클 블렌코우 씨는 아니시겠죠?"라고 물었다. 그도 마찬가지로 영국 출신이며 나와 직접 만난 적은 없지만이메일 주소를 교환한 인연이 있었던 것이다. 나는 TV 프로그램 〈디스 이즈 유어 라이프〉(깜짝 파티처럼 유명인사의 지인들을 불러 유명인사의 업적과 인생에 대한 이야기를 듣는 영국의 프로그램)의 스튜디오처럼 나와 구면인 사람들의 행렬이 줄지어 들어와 오두막이 꽉차는 것은 아닐지 걱정하며 초조하게 문 쪽으로 시선을 주었다. 불편할 정도로 가까운 거리에서 서성대던 여자가 말했다. "세상참 좁네요."

．．．

나는 세상이 넓다는 증거를 찾을 수 있으리라는 희망을 가지고뉴질랜드에 왔다. 어린 시절에는 내가 아직 가보지 못한 그곳에아직 발견되지 않은 동물들이 광활한 산맥과 빽빽한 숲에 숨어살고 있다고 믿고 있었다. 내 여정은 뉴스에서부터 시작되었다. 누군가 부스 박물관의 진열장에 전시 중인 멸종동물 중 하나가폴짝폴짝 뛰어다니는 모습을 목격했으며 그 동물이 완전히 멸종되지 않은 상태로 활동 중이라는 내용의 뉴스였다. 부활한 생명체는 내가 찾던 희망의 증거가 될 수 있을까? 멸종동물이 수십 년간 발견되지 않은 채로 숨어 있을 만큼 세상이 아직도 충분히 크고 넓다는 희망 말이다. 시인 에밀리 디킨슨은 말했다. "희망에는 날개가 있다." 그리고 내 희망은 남섬코카코라는 한 새에게 달려 있다.

남섬코카코는 얼굴에 밝은 오렌지색의 동그란 육수를 매단 땅 딸막하고 검푸른 새다(혹은 그런 새일 것이다). 후이아와 마찬가지로 뉴질랜드 고유의 귓불꿀빨기새 5종 중 하나이며 포식성 포유류들의 침략에 제대로 대처하지 못했다는 점도 후이아와 같다. 2019년 오타고대학교와 스웨덴 자연사박물관은 앞서 다른 새의 멸종을 이해하기 위해 택했던 방식과 비슷한 고대 DNA 기술을 이용해 후이아와 남섬코카코의 종말을 조사했다. 연구자들은 후이아와 남섬코카코 모두 멸종 당시에 건강한 유전적 다양성을 가지고 있었으며 작고 고립된 개체군에서 나타나는 근친교배의 흔적이 없었다고 결론지었다. 두 조류의 멸종은 인간이 새들의 서식지인 나무를 잘라버리고 뉴질랜드에 포식자라는 역병을 데려온 이후 빠르게 진행되었다.

뉴질랜드 남섬의 남섬코카코는 숲으로 둘러싸인 산맥에서 간신히 살아가다가 1967년에 어스파이어링 산 근처에서 마지막으로 목격되었다. 2007년, 뉴질랜드 보호국은 조류위험순위 명부에서 공식적으로 남섬코카코의 멸종을 선언했다. 하지만 남섬코카코에 대해 특정 부처의 보고서가 작성된 적은 없었던 것으로 보아, 어쩌면 남섬코카코는 멸종한 상태가 아닐지도 모르겠다.

간간히 목격담이 들려왔고, 간드러지는 교회 오르간을 닮은 노랫소리를 들었다고 주장하는 사람들도 나타났다. 2007년에 리프턴 근처에서 신빙성 있는 목격담이 등장한 후로 남섬코카코는 '멸종'에서 '정보 부족' 상태로 바뀌었고, 현재와 미래 사이에 불확실한 중간 상태의 동물로 부활했다. 그리고 신기루와 같은 존재인 남섬코카코는 '회색 유령'이라는 별명을 얻었다.

　2010년에는 남섬코카코가 이 책에 등장하는 다른 멸종동물들과는 다르다는 사실을 증명하고 싶었던 사람들이 모여 자선신탁재단을 설립했다. 재단의 지지자들은 남섬코카코와 관련된 단서를 쫓느라 수많은 시간을 보냈다. 재단의 SNS에는 마치 감독이 이미 '컷'을 외쳤다는 사실을 알지 못하고 남겨진 영화의 단역배우처럼 수염을 기르고 위장한 채 뉴질랜드의 빽빽한 숲을 돌아다니는 다부진 남자들의 영상이 주기적으로 올라온다. 재단은 남섬코카코가 아직 뉴질랜드의 숲속을 날아다닌다는 사실을 최초로 확인해주는 사람에게 1만 뉴질랜드달러를 주겠다고 포상금을 걸기도 했다. 증거는 확실한 사진과 신빙성 있는 촬영 영상, 혹은 회색 깃털 하나를 제시하는 것으로 충분하다. 포상금을 발표한 뒤 재단은 200개가 넘는 제보를 받았지만 코카코는 지독한 카메라 울렁증이 있는 듯했다.

　목격담은 주요 뉴스에도 실리곤 했다. 2018년 리암 비티는 남섬 북서 지역에 있는 히피 등산로를 등반하다가 이름 모를 새를 발견했다. 그는 굴랜드다운스에 있는 등산가들을 위한 대피소에 들어설 때까지만 해도 대수롭지 않게 생각했다. 대피소 벽에는 거친 서부 스타일의 '공개 수배(가급적 생포 요망)' 포스터가 붙어 있었다. 남섬코카코라는 새의 사진은 그가 좀 전에 밖에서 본 새와 정확히 닮아 있었다. 그로부터 몇 주 후에 나는 이 목격담을 온라인으로 읽었다. 리암은 이렇게 말했다. "새 부리 밑에 오렌지색의 '그것'이 있었어요. 그 새는 그냥 숨을 돌리고 있었죠. 상당히 편안해 보였고 어딘가로 급하게 갈 것 같진 않았습니다."

. . .

나는 멸종동물의 목격담에 관해서 줄곧 매우 냉소적이었다. 특히 목격자가 '그것'이라던가 '숨을 돌린다'는 표현을 쓸 때는 특히 그렇다. 하지만 최근에 코카코 목격자라고 주장하는 글을 더 많이 보게 되면서 나는 상상의 나래를 펼치지 않을 수 없었다. 만약 박물관에서 뼈와 깃털을 보는 데서 그치지 않고 내가 직접 실제로 멸종동물을 재발견하는 사람이 된다면 어떨까? 비록 내가 코카코의 존재 가설에 줄곧 회의적인 입장을 취하긴 했지만 그 생각이 틀렸다는 사실을 증명한다면 그보다 더 기쁠 수 없을 것 같았다. 나는 깊게 숨을 내쉬고 에어뉴질랜드 웹사이트에서 '비행기 표 구매' 버튼을 눌렀다.

　뉴질랜드에서 명백하게 멸종된 모아와 후이아의 유해를 찾느라 몇 주의 시간을 보낸 나는 코카코 탐험을 준비하기 시작했다. 우선은 사냥감에 대해 숙지해야만 했다. 뉴질랜드 북섬에는 남섬 코카코와 가까운 친척이 살고 있는데 (당연하게도) 그 새의 이름은 북섬코카코다. 북섬코카코는 쥐와 담비, 주머니쥐 같은 포식자들 때문에 거의 전멸했지만 효과적인 보호활동의 개입 덕분에 오늘날까지 살아남아 포식자가 없는 보호구역 안에 살고 있다. 육수가 오렌지색이 아니라 파란색이라는 두드러지는 특징 하나만 빼고는 남섬의 코카코와 거의 똑같다.

　코카코의 생김새와 행동에 익숙해지기 위해서 나는 북섬코카코를 먼저 만나보기로 했다. 웰링턴 북서쪽에 있는 푸카하 국립 야생센터 보호 단체는 1960년대부터 멸종 위기에 처한 현지 동물 수천 마리를 인공 사육한 뒤 세심한 관찰 하에 포식자가 없는 뉴질랜드의 야생 보호구역으로 방생하는 일을 하고 있다. 나는 입장권을 구매하고 키위새의 집과 장어 먹이주기 체험장을 지나 세계에서 유일하게 사로잡힌 코카코가 살고 있는 7번 새장으로 향했다. 초조하게 울타리 안의 나무 주위를 눈으로 훑었지만 10분이 지나자 지금은 둥지가 비어 있다는 결론을 내릴 수밖에 없었다. 표지판에 따르면 남섬코카코는 '멸종되었을 가능성이 높지만' 북섬코카코는 보호 단체의 노력으로 현재 야생에 2천여 마리가 살고 있다고 한다. 하지만 7번 새장의 북섬코카코는 쉽게 얼

굴을 보여주지 않았다. 실망한 채로 돌아서려는 순간 새장 뒤쪽의 그늘에서 움직임이 보였다. 나는 더 자세히 보기 위해 눈을 가늘게 뜨고 몸을 앞쪽으로 숙여 울타리에 얼굴을 붙였다. 그때 그림자 중 하나가 힘찬 도약으로 낮은 가지 위에 오른 뒤 다부지게 깡충깡충 네 번을 뛰어올라 재빠르게 나무 꼭대기에 올라갔다. 코카코는 꼭대기에서 내 얼굴 쪽으로 뛰어내렸고 나는 우리를 가로막는 얇은 철망 사이로 코카코와 눈을 마주쳤다.

너무 가까이 붙어 새의 전체 모습이 한눈에 담기지 않을 정도였다. 코카코는 통통한 새였다. 유쾌한 무법자의 가면 아래에 자리한 검은 눈은 코카코의 외모에 에너지 넘치는 쾌결 조로 같은 분위기를 더해주었다. 비록 조로가 부리또를 너무 많이 먹어 살찐 것처럼 보이긴 하지만 말이다. 다리는 놀랄 만큼 길며 이동을 할 때 주로 다리를 사용했다. 작고 둥근 날개는 높은 하늘 위를 날아다니기에는 부적합해 보였다. 갈고리처럼 생긴 부리 아래에는 클레이점토를 뭉쳐서 만든 것 같은 선명한 파란색 육수가 매달려 있었다. 이렇게 특별한 새가 내게로 가까이 다가온 이유는 무엇일까? 나는 코카코와 특별한 유대감을 느꼈다. 마치 코카코가 나의 영혼을 응시하고 내 안에서 어떤 공통된 특성을 발견한 듯했다.

"수염 때문이에요." 말똥이 담긴 외바퀴 손수레를 밀고 지나가던 직원이 멈추어 나와 코카코의 친밀한 시간을 깨트리며 이렇게 소리쳤다. 직원은 내 주변을 서성거리면서 이 암컷 코카코가 '카후랑기'라는 이름을 가지고 있으며 후누아 산맥의 버려진 둥지에서 구조되었다고 설명했다. "수염이 있는 사육사에게 인공 사육되면서 카후랑기가 수염이 있는 남자를 각인하게 되었거든요. 그래서인지 그 새는 자기와 같은 종인 새들을 유독 못 견뎌 해요." 나는 다시 몸을 돌려 코카코를 바라봤다. 우리에게는 정말로 공통점이 있었던 것이다. 물론 나는 그게 단지 수염 때문만은 아니라고 생각한다. 나는 카후랑기에게 가까이 몸을 숙였다. "나는 너랑 비슷한 누군가를 찾고 있어." 그리고 이렇게 속삭였다. "그런데 파란색이 아니라 오렌지색이야. 행운을 빌어주렴."

다음날 오후, 나는 페리를 타고 쿡 해협을 가로질러 남섬으로 향했다. 그리고 예상치 못하게 우연히 테 파파의 콜린 미스켈리 박사를 만났다. 심지어 며칠 후 160킬로미터 떨어진 해안 소도시에서 그를 다시 만났다. 그리고 5분 뒤에는 영국에서 오래 전에 같이 일했던 동료를 마주쳤다. 오두막에서 일어난 사건을 생각하니 모든 일이 약간 비현실적으로 느껴지기 시작한다. 마치 뉴질랜드는 원래 텅 비어 있고, 내가 인생에서 만났던 다양한 사람들이 나의 휴가를 위해 엑스트라 역할을 맡아 반복해서 등장하는 듯했다. 나는 수상할 만큼 익숙함이 느껴지는 모든 사람들에게 눈길을 주기 시작했다. 나는 캠핑용품점에서 물집방지 패드와 물한 병을 팔았던 여자가 코카코 우리에서 '외바퀴 손수레를 든 직원' 역할을 맡은 것은 아닌지 의심이 들기도 했다. 남섬에서 텅 빈 도로를 달리고 있자니 정말로 이곳이 버려진 장소처럼 느껴졌다. 이 지역은 영국보다 크지만 5천만 명 이상이 살고 있는 영국과는 달리 인구가 120만 명밖에 되지 않는다. 사람들이 드문드문 사는 이 넓은 섬의 울창한 산골짜기에는 모두 코카코 은신처가 있을 만한 가능성이 있다. 나는 누구든 이 산맥에서는 코카코를 보지 못하고 지나치기 쉽다는 사실을 깨닫기 시작했다. 이곳에서는 설인 예티 대가족이 나타난다고 해도 놓치기 쉬울 것이다.

나는 히피 등산로가 시작하는 지점에 도착했다. 히피는 무성한 숲을 지나 높은 풀밭 고원을 가로지른 뒤 남섬 서쪽의 해안가에서 야자수가 늘어선 해변으로 내려가는 125킬로미터 코스의 등산로다. 이 코스에 설치된 기초시설이라고는 등산가들을 위한 대피소와 쥐나 담비와 같이 오지에서 환영받지 못하는 방문자들을 통제하기 위해 설치한 수많은 덫뿐이다. 나는 등산로에 내 이름을 붙일 남섬코카코가 숨어 있길 바라면서 코카코를 찾아내리라 다짐했다.

· · ·

나는 4일 동안 '덤불을 헤치며 도보 여행'을 하기 위해 70리터 백팩에 충분한 음식과 물, 자외선 차단제를 넣었고 가장 필수품목인 디지털카메라를 명사수 보안관처럼 엉덩이에 매달았다. 내 앞에 코카코가 내려앉으면 나는 재빨리 무기를 들어 새가 하늘로 올라 사라져 버리기 전에 사진을 찍을 것이다. 불과 이틀 전에 날아온 소식에 따르면 보호국의 경비 대원이 약 하루를 걸어가면 나오는 곳에서 "피리 소리와 비슷한 코카코의 반복적인 울음소리"를 들었다고 한다. 나는 러디어드 키플링의 시 '탐험가'에서 "산맥의 그늘 속에서 사라진 무언가"를 찾던 남자에 나를 비춰보았다. "사라진 그것이 너를 기다린다. 가라!" 나는 광활한 야생에서 홀로 자유와 평화, 고독을 경험하길 간절히 원했다.

그러나 이곳은 지옥이었다. 나는 완벽히 낯선 13명과 함께 외딴 곳에 있는 비좁은 대피소에 누워 있었다. 고무 귀마개를 했지만 그들의 요란한 코골이 소리 앞에서는 무용지물이었다. 아래쪽 침상에 누운 나는 재소자처럼 침낭 안에 갇혀 있었다. 나는 지퍼 틈 사이로 한줄기 달빛이 나무 벽에 꽂힌 포스터를 비추는 장면을 응시하는 것 외에는 아무것도 할 수 없었다. 리암 비티가 대피소 뒤에서 '숨을 돌리고 있는' 남섬코카코를 목격한 후에 발견했던 바로 그 포스터였다. 나는 가면을 쓴 듯한 코카코의 얼굴을 바라보다 마침내 잠에 빠져들었고 꿈에 오렌지색 육수를 보았다.

동이 트자마자 고치에서 빠져나온 나는 코를 고는 낯선 사람들 곁을 살금살금 지나 대피소를 뛰쳐나와 반짝이는 뉴질랜드의 아침을 맞이했다. 대피소 뒤편에는 '마법에 걸린 숲'이 있었다. 판타지 소설에나 나올 법한 멋진 폭포와 동굴을 품은 삼림 지대에는 나무와 바위마다 부드러운 이끼가 장식되어 있었다. 조금만 깊이 들어가면 빠른 걸음으로 지나가는 유니콘을 볼 수 있을 것만 같은 곳이다. 나는 공터의 적당한 자리에 앉아 침묵을 만끽하며 나만의 신화 속 '회색 유령'을 기다렸다. 금방이라도 먹이를 찾는 코카코가 나를 만나러 나타날 것 같은 느낌이 들어 더할 나위 없이 신이 났다. 나는 1만 뉴질랜드달러를 주머니에 넣고 부스 박물관으로 돌아가 멸종동물 진열장을 연 다음 살아 있는 자들의 세상으로 코카코를 되찾아오는 상상에 빠졌다. 환호하는 군중들이 나를 어깨 높이로 들고 다이크 가를 이동할 때 나는 월드컵 트로피처럼 박제된 표본을 머리 위로 들어 올릴 것이다.

코카코 없는 새 관찰을 한 지 몇 시간이 지난 후, 나는 카메라를 쥔 손을 풀고 실망한 채 점심을 먹기 위해 대피소로 돌아왔다. 바로 그때 나는 무언가를 발견했다. 그리고 얼어붙고 말았다. 내 바로 앞, 불과 3미터 앞에 새 한 마리가 나타난 것이다. 50년 동안 멸종했다고 알려졌던 그 새는 대피소의 외부 화장실 근처에 서 있었다. 나를 올려다본 새가 냉랭한 눈빛을 쏘아 보냈다. 그러나 내가 손을 더듬거리며 카메라를 찾아 마침내 촬영 버튼을 찾아 누르는 순간 화장실 문이 덜컹거리면서 열렸고 한 여성이 나왔다. 사나운 눈매의 새와 화장실에서 나오는 자신의 모습을 찍었다는 사실에 당황한 듯 보이는 여성이 나란히 나를 쳐다보고 있

었다. 여자가 도끼눈을 하고 걸어간 후 나는 청색과 녹색으로 반질거리는 몸통과 거대한 선홍색 부리를 가진 칠면조 크기의 날지 못하는 우스꽝스러운 새와 함께 남겨졌다. 그렇게 감동이라곤 전혀 없이 타카헤(뉴질랜드에 서식하는 덩굴눈뜸부기과의 새 - 편집자 주)와의 만남이 끝났다.

1847년, 월터 맨텔은 700개가 넘는 모아 뼈를 소포에 담아 영국에 있는 아버지 기디온에게 보냈다. 기디온 맨텔은 조류 뼈 분류에 있어서 전문가는 아니었다. 다행이라고 해야 할지 불행이라고 해야 할지 모르겠지만 기디온은 그 분야의 전문가를 한 명 알고 있었다. 맨텔은 모아의 뼈를 리처드 오웬에게 넘겼고 오웬은 그 안에서 모아와는 전혀 다른 새의 뼈를 발견했다. 오웬은 '지적이고 진취적인 기디온의 아들'에게 경의를 표하며 유해에 노토루니스 만탈리^{Notornis mantelli}이라는 이름을 지어주었다. 그리고 이 새는 모아와 같이 오랫동안 멸종했다고 알려졌다.

2년 뒤, 남섬에서 작업을 하던 월터 맨텔은 깜짝 놀랄 만한 발견을 했다. 바다표범을 사냥하던 선원들이 먹고 버린 음식 사이에서 최근에 죽은 노토루니스의 가죽을 찾은 것이다. 이 발견은 노토루니스가 아직 살아 있거나 적어도 최근까지 살아 있었다는 증거였으며, 그 새가 '맛있다'는 사실까지 확인시켜주었다. 마오리족의 식단에도 올랐던 노토루니스는 북섬의 마오리족에게는 모호로, 남섬에는 타카헤라고 알려져 있었지만 유럽인들이 도착한 이후로는 발견되지 않았었다. 남섬타카헤의 가죽은 1851년과 1879, 1898년에 추가로 발견되었다. 그중 오타고 박물관에 훌륭한 상태로 보관되어 있는 가죽은 내가 오타고 박물관에 방문했을 때도 볼 수 있었다. 그 후로 타카헤는 행방이 묘연해졌다. 1919년에 오타고 박물관에 방문한 11세의 소년 제프리는 이 타카헤 표본을 보고 엄마에게 멸종이 무슨 뜻인지 물었다. 제프리의 엄마는 이렇게 대답했다. "글쎄, 멸종이란 죽었다고 추정된다는 뜻이지." 어린 제프리는 "죽었다고 추정된다"라는 말이 완전히 죽지는 않았다는 뜻이라고 생각했다. 1948년 11월 20일, 희망을 버리지 않고 수십 년간의 수색을 이어간 끝에 제프리 오르벨 박사는 멸종되었다고 '추정'되던 새와 마주하게 되었다. 뉴질랜드 남섬 머치슨 산맥의 외딴 골짜기에서 그는 50년 만에 타카헤를 발견한 것이다. 나는 시간을 거슬러 올라가 그때 그의 얼굴에 퍼졌을 미소를 상상해보곤 한다. 그때 이후로 적극적인 회복 프로그램을 통해 야생 타카헤의 개체 수는 꾸준히 증가했다. 최근에는 히피 등산로를 따라 재도입 계획이 진행되었고 그 덕에 내가 이 기적적인 새를 마주할 수 있었던 것이다. 타카헤는 나에게 뉴질랜드에서 또 하나의 부활이 실현될 수 있다는 용기를 주었다. 나는 어깨에 가방을 올려 메고 남섬코카코 수색을 이어갔다.

• • •

이곳의 산맥과 드넓은 고원, 숲, 하늘은 모두 거대한 장관을 이루고 있다. 나는 누구도 만나지 못한 채 관찰하고 귀를 기울이고 희망하며 6시간을 걸었다. 나무가 빽빽하게 우거져 어두운 협곡으로 내려가는 길에서 나는 종종걸음으로 이끼 낀 가지 사이를 지나가는 작은 쥐를 닮은 새, 라이플맨을 보기 위해 멈추었다. 그때 그림자 하나가 나무 사이로 급강하했다. 쌍안경을 들어 머리에 오렌지색 무늬가 있는 짙은 색 새에게 초점을 맞추는 순간 내 심장은 거의 멈추기 직전이었다. 그 새는 친숙한 뉴질랜드 토착종 투이였지만 얼굴에 원래는 없어야 할 오렌지색 무늬를 달고 있었다. 자세히 관찰한 결과 아마꽃을 먹을 때 얼굴에 밝은 오렌지색의 동그란 꽃가루가 달라붙어 투이를 남섬코카코처럼 보이게 했

다는 사실을 깨달았다. 나는 목격자들 중 일부가 이 모습을 본 것
은 아닐까 하는 생각이 들었다. 그 순간 그늘진 협곡 아래에서 무
언가가 움직이는 소리에 움찔한 투이가 미끄러지듯 날아갔다. 나
는 소리가 난 바위 사이를 훑어보다가 양치식물과 싸우고 있는
남자를 보고 깜짝 놀랐다. 다시 쌍안경에 초점을 맞춘 나는 그 남
자가 이전에 본 적 있는 사람이라는 사실을 깨달았다. 역시 뉴질
랜드였다. 더 이상 놀랍지도 않았다.

　나는 사실 데리 킹스턴Derry Kingston을 직접 만나본 적은 없지만
히피 등산로를 온라인으로 검색해본 사람이라면 누구라도 '날다
람쥐 킹스턴'을 모를 수가 없을 것이다. 그는 1972년부터 400번
이상 이 등산로를 걸었던 지역의 전설적인 인물이다. 그는 자신
만의 비밀 지름길 중 하나를 이용하고 있었다고 고백했다. 누구
보다 히피 등산로를 많이 걸어온 남자이니 남섬코카코를 마주친
적이 있지 않을까? "예전에 한번 코카코 울음소리를 들었다고 생
각한 적이 있었어요." 그는 말했다. "저는 기대에 부풀어 새의 모
습을 확인했죠. 그런데 그 새는 토종 앵무새인 카카였습니다. 카
카는 온갖 소리를 다 낼 수 있거든요. 20년 전에 골짜기 너머에서
코카코 울음소리를 들었다는 사람들을 만난 적은 있습니다." 그
는 계속 말을 이어가며 엽층부 사이의 공간을 가리켰다. 그 사이
로 언뜻 남쪽으로 펼쳐져 있는 울창한 산맥의 산등성이가 보였
다. 나는 회색 유령의 존재에 대해 의심을 표했지만 데리는 이 주

변에서 수없이 많은 목격담이 있었다고 열정적으로 설명했다. 목
격담이 전부 거짓일 수는 없다는 것이다. 하지만 그가 확실히 알
고 있는 것은 등산로에 수많은 쥐와 담비가 있다는 사실뿐이었
다. "담비는 멍청해요." 그는 말했다. "하지만 쥐는 나무를 타고
올라가 아기 새와 알을 잡아먹죠. 요즘 일부 쥐들은 땅으로 거의
내려오지도 않아요."

데리는 내게 쾌활하게 행운을 빌어준 뒤에 등산로를 따라 떠났
다. 그날로부터 다섯 달 후에 그는 산을 탐색하다가 발을 헛디뎌
절벽에서 30미터 아래로 떨어지는 사고를 당했다. 그는 30시간
동안 부상을 입은 채로 삶과 죽음 사이를 오락가락해야 했고 주
위에는 흡혈성 모래파리가 맴돌았다고 한다. 그러나 다행히도 죽
기 전에 구조대원들에게 발견되어 몸을 회복했다. 사람의 일이란
한 치 앞도 알 수 없는 법이다. 하지만 등산로의 끝에 다가서는 순
간 나는 내 한 치 앞에는 남섬코카코가 없다는 사실을 깨달았다.

· · ·

수색이 끝나고 나흘 후, 나는 이 광대한 자연에서 새들이 어떻게
사람들을 피해 숨는지 정도는 이해할 수 있게 되었다. 나는 명성
이나 행운을 잡을 수는 없었지만 산맥과 어두운 숲속에 숨겨진
세상을 발견했다. 그러나 슬프게도 나보다 훨씬 오래 전에 이미

이 낙원을 침입한 다른 포유류들이 있었다. 남섬코카코는 분명 사람들을 피해 숨을 능력이 있었겠지만 19세기 중반부터 뉴질랜드에 쏟아져 내린 사람들과 수많은 포식자들을 피해 완벽히 숨을 수는 없었던 것 같다. 쥐와 담비, 고양이, 주머니쥐를 비롯한 포식자들은 지금까지도 계속 뉴질랜드의 조류군을 살상하고 있다.

나는 등산로와 서부 해안이 만나는 지점에서 단단한 니카우 야자수에 가방을 걸어놓았다. 그리고 텅 빈 해변으로부터 수 킬로미터 앞에서 부서지는 태즈먼 해의 쉴 새 없는 파도소리를 들으며 따뜻하고 부드러운 모래 위에 드러누웠다. 나는 이 순간을 위해 미적지근한 모아 맥주 한 병을 아껴두었다. 파도를 보며 뉴질랜드의 독특하고 아름다운 조류군을 구하기 위해 싸우고 있는 환경보호 활동가들 위해 축배를 들었다. 그리고 낙관적인 코카코 사냥꾼들에게도 행운이 있기를. 나는 회색 유령이 아직 살아 있다는 그들의 신념을 지지하고 있다.

이제 다시 집으로 돌아갈 시간이다. 나는 부스 박물관에서 먼 길을 떠나왔다. 나는 12시 3분 전에 바늘이 고정된 박물관의 시계를 생각했다. 그리고 그 박물관 안에 아직도 나란히 서 있을 멸종동물 전시 진열장의 남섬코카코와 후이아를 떠올렸다. 그곳이 바로 내가 머물러야 할 장소다. 나는 그 사실을 기념하며 맥주병을 들었고 뉴질랜드에서 사라진 멋진 새들을 위해 마지막 한 모금을 삼킨 뒤에 다시 가방을 메고 해변을 따라 길을 나섰다. 모래

가 깔린 해변에 발을 내딛을 때마다 파도가 내 뒤로 몰려와 발자
국을 지웠다. 마치 내가 그곳에 있었던 적이 없는 것처럼.

7장

서세스블루

서세스블루Glaucopsyche xerces

언덕 위에 올라와 바라본 도시는 마치 거대한 영화 촬영장 같았다. 나는 메탈릭 블루 색상의 망원경 동전 구멍에 25센트 2개를 밀어 넣고 렌즈에 눈을 붙였다. 딸깍 소리와 함께 망원경의 조리개가 열렸다. 나는 클린트 이스트우드를 찾을 수 있지 않을까 기대하며 동쪽에서 서쪽까지 훑어보았다. 샌프란시스코 전경을 볼 수 있는 망원경 너머로 트윈 피크 산꼭대기까지 이어지는 가파르고 구불구불한 도로 위에 클린트 이스트우드가 머스탱을 타고 속도를 내며 스티브 맥퀸을 피해 도망치는 모습이 보이는 듯하다. '시티 바이 더 베이'라 불리는 샌프란시스코의 상징적인 풍경은 지금까지 소개했던 멸종동물 이야기의 배경이 되는 외딴 섬이나 빽빽한 숲과는 전혀 다른 세상처럼 보였다. 그러나 1941년에 이 지역 기어리 극장에서 〈시민 케인〉이 상영되고, 글렌 밀러가 빌보드차트 정상에 오르고, 60만 명의 사람들이 저마다 분주하게 하루를 시작했을 그 시기에 또 하나의 아름다운 생명체가 영원히 사라졌다. 그리고 누구도 그 사실을 알아차리지 못했다.

나는 망원경으로 서쪽을 훑어보며 태평양을 마주하고 있는 알록달록한 주택 단지인 선셋 디스트릭트를 살펴보았다. 1851년 즈음에 한 나비 연구가가 나비 그물망을 휘둘러 최초의 메탈릭 블루 색상의 나비로 알려진 종을 수집한 장소였다. 다시 동쪽으로 망원경을 돌려 세계적인 명소로 손꼽히는 골든게이트 다리 방향을 바라보았다. 골든게이트 다리는 프레지디오 공원의 풀이 무성한 언덕 뒤 안개 속 어딘가에 숨어 있다. 프레지디오는 1941년에 또 다른 동물학자가 그물망을 휘둘러 아름다운 나비종을 잡아 자신의 수집품에 추가했던 공원이다. 시간이 흐른 뒤에 그는 깊이 후회했을 것이다. "그 나비가 살아 있는 마지막 개체였을 것이라곤 상상도 하지 못했어요." 망원경의 작동시간이 끝나고 딸깍하며 망원경의 조리개가 닫혔다.

태평양 너머로 해가 저물자 미국에서 두 번째로 인구가 밀집한 도시의 거리와 고층건물, 주택들이 불을 밝힌다. 이 풍경을 보면 샌프란시스코가 바다에서 불어오는 바람 때문에 계속해서 생기고 사라지는 광활한 모래언덕과 산간 초원 외에는 아무것도 없었던 시절이 있다는 사실을 상상하기란 쉽지 않다. 그러나 고작 175년 전만 해도 이 지역은 겨우 수백 명의 사람들이 살아가는 작은 정착지에 불과했다. 예르바부에나라고 불렸던 작은 정착지는 멕시코와의 전쟁에서 미국이 승리하며 1847년에 이름을 샌프란시스코로 바꾸었다. "아디오스 예르바부에나, 헬로 샌프란시스코." 그리고 이 조용한 해안 공동체에 서서히 거대한 변화가 일어나기 시작했다. 1년 뒤인 1848년 1월 24일, 제임스 마샬은 시에라네바다 산의 작은 언덕에 있는 제재소 아래 강에서 무언가 반짝이는 것을 발견했고 차가운 물속으로 손을 집어넣었다. 그리고 그 단순한 동작으로 세계 역사의 흐름이 바뀌었다. 마샬이 물속에서 건진 금빛으로 빛나는 금속 덩어리를 바라보고 있을 때 아직 세상에 밝혀지지 않은 나비의 연두색 애벌레가 그곳으로부터 북서쪽으로 177킬로미터 떨어진 모래언덕에서 잠을 자고 있었다. 황금의 발견은 의식하지 못하는 사이에 귀중한 푸른 나비의 발견으로 이어졌고 궁극적으로 나비의 멸종을 앞당겼다. 모든 과정은 숨 가쁘게 이루어졌다.

· · ·

온 세상 사람들이 샌프란시스코로 모여드는 것 같았다. 1848년에 약 800명이던 정착지의 인구는 1849년에 폭발적으로 증가했고 인구 2만 5천 명의 북적이는 항구 도시로 변모했다. 골드러시는 수많은 사람들을 캘리포니아로 불러들였고 그 시작점은 대부분 샌프란시스코였다. 시에라네바다의 채금지는 부를 잡기 위해 광분한 사람들로 가득 찼다. 탐욕은 나비 그물망을 든 한 남자를 변덕스러운 산간 풍경으로 이끌었다. 프랑스 출신인 피에르 로르퀸 Pierre Lorquin은 변호사였으며 열정적인 곤충학자이기도 했다. 그는 발견되지 않은 나비와 부를 모두 얻을 수 있는 약속의 땅 캘리포니아로 향했다. 설령 아무것도 찾을 수 없더라도 변호사였으므로 '곡괭이로 머리를' 가격하는 전통적인 방식으로는 해결할 수 없는 광부들의 다툼을 해결해줄 수 있을 터였다.

1849년까지만 해도 캘리포니아는 잘 알려지지 않은 야생의 땅이었다. 게오르크 스텔러는 이곳에서 태평양 연안을 따라 좀 더 북쪽에 있는 알래스카를 한 세기 전에 최초로 방문한 동물학자였다. 나는 1번 고속도로를 타고 샌프란시스코를 향해 남쪽으로 운전하면서 1741년 7월 20일에 10시간 동안 아메리카 대륙을 정신없이 돌아다녔을 스텔러를 떠올렸다. 스텔러가 발견했던 스텔러까마귀가 고속도로를 가로질러 해안가의 거대한 미국삼나무 사이로 급강하했다. 고속도로가 해안가와 만나는 곳에서는 10개월간 조난당한 스텔러가 발견했던 또 하나의 동물인 스텔러바다사자가 연안의 바위 위에서 볕을 쬐고 있었다.

· · ·

스텔러와 성베드로 호의 선원들이 표류하다가 베링 섬에 상륙한 지 45년이 지난 후에 캘리포니아를 방문한 최초의 동물학자들이 몬터레이 만에 위엄 넘치는 완벽한 모습으로 입항했다. 몬터레이에 도착한 탐험대는 프랑스 왕 루이 16세의 명령으로 1785년 배에 올랐고, 왕과 마리 앙투아네트의 배웅을 받으며 출발했다. 이들은 1년 후인 9월 15일에 캘리포니아에 발을 내딛었다. 그들은 주민들의 따뜻한 환영을 받으며 과학 조사 장비를 배에서 내렸다. 그렇게 최초의 나비 그물망이 캘리포니아에 등장했다.

  프랑스의 방문에 뒤이어 1837년에는 HMS 설퍼 호에 오른 벨처 선장을 포함한 동물학자들의 행렬이 꾸준히 캘리포니아를 방문했다. 벨처는 예르바부에나 주변의 습지와 강을 탐험했고 그곳의 풍경과 야생동물, 부족들을 발견하고 기록하며 한 달을 보냈다. 그가 나비 그물망을 휘둘렀는지는 알려지지 않았지만 설퍼호에 다시 승선하면서 180년 후에 트링에서 내가 조심스럽게 만져보게 될 안경가마우지의 가죽을 실었다고 한다.

하지만 이 이야기에서 우리의 관심사는 나비 그물망이다. 그 그물망의 주인인 피에르 로르퀸은 골드러시 시대인 1849년에서 1850년 사이의 어느 날 도착했다고 알려져 있다. 로르퀸은 자신이 발견한 캘리포니아의 나비를 그물로 잡아 표본으로 만든 뒤 파리에 있는 스승에게 발송했다. 로르퀸의 스승은 프랑스에서 가장 칭송받는 나비연구가로 알려진 장 바티스트 보이스듀발 Jean Baptiste Boisduval이었다. 로르퀸의 캘리포니아 모험은 문서로 기록되어 있지 않지만 보이스듀발의 말에 따르면 그는 금 채취용 냄비를 흔드는 시간보다 "회색곰의 이빨과 방울뱀의 송곳니"처럼 날카롭고 용맹하게 나비 그물망을 휘두르면서 많은 시간을 보냈다고 한다. 황금에 미친 사람들이 온 산등성이를 다이너마이트로 폭파하는 동안 로르퀸은 나비를 담은 꾸러미들을 정성스레 파리로 발송했고 보이스듀발은 그가 보내온 섬세한 나비 표본들을 연구하고 기록해나갔다. 그중에는 과학계에 새롭게 등장한 종들도 일부 있었는데 로르퀸의 이름표에 따르면 '샌프란시스코

근방'에서 발견된 작은 메탈릭 블루 색상의 나비도 그중 하나였다. 큰바다쇠오리와 안경가마우지가 영원히 파도 아래로 사라진 1852년에 보이스듀발은 《프랑스 곤충학 학술지Annales de la Société Entomologique de France》에 새로운 생명체를 세상에 소개하는 논문을 발표했다.

그는 이 새로운 나비에게 5세기 페르시아 제국의 통치자였던 크세르크세스 1세의 이름을 붙여주었다(프랑스에서는 크세르크세스Xerxes를 서세스Xerces로 쓴다). 이 나비는 세계에서 두 번째로 큰 나비 종류인 부전나비과Lycaenidae에 새롭게 추가되었다. 부전나비과는 푸른부전나비와 주홍부전나비, 녹색부전나비, 뾰족부전나비, 바둑돌부전나비아과를 포함한다. 전 세계에 6천 종 이상이 있는 부전나비과는 1만 8,500종으로 추정되는 지구상에 알려진 나비종 가운데 3분의 1을 형성한다.

캘리포니아 해변에서 일생을 보내는 서세스블루는 태평양 위에 쏟아지는 햇빛처럼 반짝이는 짙은 청색 날개를 가졌다. 서세스블루 수컷은 검은색과 흰색 윤곽선으로 강조된 푸른색 윗날개를 가졌다. '푸른부전나비'과에 속한 여러 종의 암컷들과 마찬가지로 암컷 서세스블루도 윗날개가 완전한 갈색이었지만 자신의 소속을 분명히 표현하려는 듯 특정 각도에서는 날개 사이로 푸른색이 춤을 추듯 반짝였다. 보이스듀발은 암수 서세스블루의 날개 아랫면은 "암회색이며 중앙에 반점이 있고 큰 흰색 점으로 이루

어진 비연속성 물결무늬 띠를 가졌다"라고 표현했다. 일부 개체들은 이 점 안에 검은 '동공'이 있다는 차이점이 있는데 이 변이형은 그리스 신화에 등장하는 눈이 하나인 잔혹한 거인의 이름을 따 폴리페모스polyphemus라고 부른다.

나비는 번데기를 찢고 나와 3월과 4월에 하늘을 날았다. 수컷과 암컷은 모래언덕에서 만났고 교미를 통해 알을 낳았다. 다른 모든 나비들처럼 서세스블루의 애벌레도 식성이 까다로워서 특정한 식물의 잎만을 소화할 수 있었다. 서세스블루의 애벌레는 주로 디어우드와 층층이부채꽃처럼 배수가 잘 되는 모래언덕 지역의 토양에서 잘 자라는 토종 식물을 먹었다. 서세스블루는 페르시아의 왕 크세르크세스처럼 캘리포니아의 모래 왕국을 통치했다.

· · ·

샌프란시스코 지역의 사람들은 태평양과 맞닿아 있는 황량한 풍경의 변화무쌍한 모래언덕을 '바깥의 세상Outside Lands'이라고 불렀다. 1900년대 초, 몇십 년 동안 나비 연구가들은 나비 그물망을 챙겨 시내 전차를 타고 종점이 있는 19번가로 향했다. 그들은 그곳에서 내려 바다에 도착할 때까지 하루 종일 누구도 만나지 못한 채 계속해서 서쪽으로 3킬로미터가 넘는 모래언덕을 지났을 것이다. 나는 버스 창문으로 스쳐 지나가는 19번가를 바라보며 척박했을 과거의 야생을 상상했다. 덜컹거리는 버스는 계속해서 서쪽을 향해 20번가, 21번가, 22번가, 23번가, 24번가를 지나 서세스블루의 집이었던 장소에 세워진 수많은 주택 단지와 음식점, 가게를 지나쳤다. 지역의 발전을 목격한 곤충학자 한스 헤르만 베어는 나비에 대해 이렇게 썼다. "나비가 발견되곤 했던 장소의 인근 지역은 택지로 탈바꿈했고 독일산 닭과 아일랜드산 돼지 사이를 누비는 이와 벼룩 외에는 어떤 곤충도 존재할 수 없었다." 버스는 48번가를 지나자마자 멈추었고 운전기사는 운전석 밖으로 몸을 내밀며 "종점 오션비치입니다"라고 외쳤다. 버스에 남아 있는 유일한 승객이었던 나는 버스에서 내렸다. 이곳에서 서쪽으로 가면 고속도로가 있고 길게 이어진 해변 너머에는 태평양이 있다. 그리고 그 어디에도 서세스블루 왕국은 없었다. 왕국은 통째로 사라졌다.

나는 거리를 돌아다니며 시간을 보내다가 음식점에 들러 점심 거리를 골랐다. 계산대 뒤에서 내가 주문한 샌드위치에 올릴 소시지를 준비하고 있던 쾌활한 주인은 내게 이 음식점이 '국제 스타트랙 팬 협회' 모임이 한달에 한 번씩 열리는 스타플릿의 골든 게이트 지부 본사를 겸하고 있다고 알려주었다. 그는 빵칼을 들고 자랑스럽게 자신의 영웅인 윌리엄 샤트너의 서명이 적힌 포스터 액자를 가리켰다. 〈스타트랙〉에서 샤트너는 은하계에서 '새로

운 생명을 찾는' 임무를 수행하는 제임스 T. 커크 선장 역을 맡았
다. 점심 값을 치른 나는 태평양과 캘리포니아가 만나는 이곳이
미국 서부의 최후 개척지였으며 건물을 짓는 과정에서 우리의 행
성인 지구에서 태어난 작고 푸른 생명체가 몰살당했다는 사실을
음식점 주인이 알고 있을까 하는 궁금증이 생겼다.

　나는 태평양에서 밀려오는 안개 속에서 골든게이트 해협의 그
렛 고속도로를 따라 곶이 보이는 방향으로 걸었다. 한 시간 후에
벤치를 발견한 나는 가방에 손을 넣어 샌드위치를 꺼냈다. 안개
가 심해 골든게이트 다리는 잘 보이지 않았다. 다리는 안개 속에
숨어 있다가 잠시 밖으로 나와 모습을 드러냈다. 1937년 3월, 기
대에 찬 수천 명의 인파가 골든게이트 다리 개교식에 참가하여
도보로, 차로, 혹은 롤러스케이트를 타고 다리를 건넜다. 그러나
멀지 않은 곳에서 이 도시에서만 살아가고 있던 생명체가 샌프란
시스코의 무분별한 발전으로 죽어 가고 있다는 사실은 그 누구도
알지 못했다. 그들의 무지함을 탓할 수는 없다. 당시에는 서세스
블루를 연구했던 곤충학자들도 그 중요성을 알아차리지 못했으
니 말이다. 과학자들과 수집가들은 서세스블루의 표본을 쉼 없이
채집했고 개체 수가 줄어들어도 다른 모래언덕 어딘가에 나비들
이 더 있을 것이라며 스스로를 위안했다. 하지만 '다른 어딘가'도
점점 줄어들고 있었다. 샌프란시스코가 확장하면서 서세스블루
를 위한 모래언덕도 없어지고 있었던 것이다.

• • •

벤치에서 조금만 걸어 내려가면 프레지디오 공원이 나온다. 예전에는 군사 요새였던 이 공원은 이제 도시의 팽창하는 인구를 위해 수십 년 동안 녹색지대 역할을 해왔다. 1940년대 초반이 되자 로보스 강 인근에서 사라져가는 모래언덕에 자리한 불과 21미터 넓이에 46미터 길이의 디어우드 숲이 대표적인 서세스블루 서식지가 되었다. 이곳이 바로 1941년 봄에 윌리엄 해리 랭이 그물망으로 마지막 서세스블루를 잡은 장소다. 자신이 저지른 행동이 어떤 비극을 불러올지 알아차리지 못한 채 그는 나비를 곤충을 죽이는 통 안으로 집어넣었다. 서세스블루종의 마지막 개체로 알려진 이 나비는 유리 용기 안에서 화학 기체에 의해 천천히 질식했고 퍼덕거리던 날개도 천천히 멈추었다. 랭은 나비를 자신의 수집품에 추가했고 나비 흉부에 곤충용 핀을 찔러 넣었다. 마지막으로 서섹스블루에 박아 넣은 대못이었다.

　캘리포니아대학교에서 곤충학 교수로서 훌륭한 경력을 가지고 있었던 해리는 이제 멋모르고 마지막 서세스블루를 죽인 남자로 이름을 남기게 되었다. 1998년에 86세가 된 해리는 여전히 그날에 대한 질문을 받았다. 이제는 주차장이 된 로보스 강에 서서 해리는 국제야생동물연합의 기사를 위한 인터뷰를 했다. "당시에는 서세스블루에 대한 실질적인 조사가 없었기에 우리는 나비가 멸종에 가까웠다는 사실을 전혀 몰랐습니다." 해리는 회상하며 이렇게 덧붙였다. "저는 줄곧 나비가 더 있을 것이라고 생각했어요. 잘못된 생각이었죠." 하지만 해리가 서세스블루를 멸종시킨 것이 아니라는 사실을 잊지 말아야 한다. 그는 그저 서세스블루의 멸종을 마지막으로 목격했을 뿐이다. 나비가 몰살당한 이유는 무지한 곤충학자가 아니라 도시 개발을 위해 나비의 모래언덕을 수십 년간 가차 없이 파괴했기 때문이다. 샌프란시스코의 도시화가 서세스블루를 죽인 것이다.

· · ·

'글라우코프시케 서세스Glaucopsyche xerces'라고 적혀 있는 전면 유리 수납함이 금속 보관장에서 꺼내져 지하의 온도 통제 보관실 안에 있는 내 앞에 놓였다. 그 안에는 귀중한 내용물들이 보석가게 진열장의 보석처럼 빽빽하게 줄을 지어 나열되어 있다. 100점이 넘는 나비들은 청색과 갈색 윗면, 혹은 옅은 반점이 찍힌 아랫면이 보이도록 핀으로 고정되어 있다. 일부 표본은 인분과 털 하나하나까지 모두 그대로 있을 정도로 아주 완벽한 자연 그대로의 모습을 하고 있다. 이 섬세하고 연약한 몸통에 단 한 가지 빠진 것이 있다면 생명뿐이다. 천장 조명이 나비 날개마다 붙어 있는 인분을 비추었고 순간적으로 서세스블루의 마지막 군단의 반짝이

는 유령이 되살아난 듯 일렁이는 생명의 물결이 열을 따라 잔물
결을 일으키는 것 같았다. 안경가마우지와 후이아의 무지갯빛 날
개를 따라 일었던 일렁임과 동일한 생명의 환각이었다.

　모든 나비는 손으로 쓴 이름표 위에 핀으로 꽂혀 있었다. 보잘
것없는 묘비 같은 이름표는 나비가 잡혀 죽임을 당한 샌프란시스
코의 장소와 날짜 그리고 나비를 채집한 수집가나 곤충학자의 정
보가 표시되어 있었다. 나는 뒤쪽에서 1941년 3월 23일이라고
적힌 해리 랭의 표본을 확인했다. 캘리포니아 과학아카데미에 있
는 지하 보관실에서 걸어서 단 45분 거리에 있는 로보스 강에서
채집된 마지막 서세스블루였다.

　캘리포니아 과학아카데미는 골든게이트 공원의 뮤직컨코스

드라이브 위에 지어진 친환경적인 건물에 자리하고 있다. 푸르른 골든게이트 공원은 척박한 '바깥의 세상'의 모래언덕 위에 세워졌다. 그러나 현재 이 근방에서 서세스블루 서식지와 가장 비슷한 곳은 공원의 골프장 벙커뿐이다. 아카데미는 1853년에 설립되었고 '생명을 탐험하고 설명하고 지속'시키는 임무를 맡고 있다. 골든게이트 공원 본부는 이 임무를 훌륭히 수행하고 있다. 이곳에서는 천문관과 수족관, 소형 열대우림, 박물관을 모두 한 (녹색) 지붕 아래에서 만날 수 있다. 아카데미는 4,600만 가지의 과학 표본을 가지고 있고, 세계에서 서세스블루 나비 수집품을 가장 많이 관리하고 있다.

캘리포니아 과학아카데미의 곤충학부서에서 전시 책임 보조를 맡고 있는 데이비드 베트만은 내가 지난 여정 중에 만난 모든 전시 책임자들의 얼굴에 떠올랐던 놀라움과 후회 사이의 어딘가에 있는 익숙한 표정으로 핀이 꽂힌 표본을 응시했다. 데이비드는 나비에 특별한 관심을 가지고 있는 열정적인 곤충학자였다. 내가 공책에 적은 질문 목록을 훑어보고 있을 때 데이비드는 나에게 서세스블루에 대해 여러 가지를 알려주었다. 데이비스는 나를 열렬한 아마추어 곤충학자이며 마음이 맞는 사람이라고 인식한 듯했다. "멸종한 새나 포유류를 비롯한 크고 거창한 것들 때문에 멸종 곤충이 얼마나 간과되어 왔는지를 생각하면 답답할 따름이에요. 그렇지 않나요?" 데이비드는 말했다. "음, 물론이죠." 웃으며 끄덕였지만 나는 내 입으로 그 말을 내뱉는 순간에서야 그 사실을 깨달았다. 나는 멸종 새나 포유류와 같은 '크고 거창한 것 들' 수십 마리에 대해서는 세세한 정보를 알고 있었지만 멸종한 곤충이라곤 서세스블루밖에 몰랐던 것이다.

· · ·

데이비드는 '멸종 곤충'이라는 이름표가 붙은 다른 수납함을 꺼 내 작업대 위로 올렸다. "당신이라면 이 수집품에 관심이 있을 것 같군요." 데이비드는 바짝 말린 시가 3개처럼 생긴 수집품을 가리 키며 말했다. "이 표본을 보유하고 있다니. 우리는 정말 운이 좋 은 편이에요." 데이비드는 내 얼빠진 시선을 통해 자신이 나를 잘

못 판단했을지 모른다는 사실과 함께, 실은 내가 '크고 거창한' 것 들을 밝히는 남자임을 읽어낸 듯 했다. "로키산메뚜기를 모르시는 건 아니겠죠?" 그는 의심스러운 듯이 물었다. 나는 로키산메뚜기 를 모르면서 멸종동물에 관심 있 는 곤충학자라고 주장한다면 비에 대해 들어본 적이 없는 기상학자

와 다를 게 없다는 사실을 막 알아차린 참이었다.

　로키산메뚜기는 곤충이라기보다 자연의 힘에 견줄 만하다. 메뚜기들은 미국 서부에서 떼를 지어 다녔는데 그 크기가 너무 커서 나라와 그 크기를 비교할 수 있을 정도였다. 1875년에는 메뚜기 떼 하나가 스페인(혹은 뉴질랜드 2개)만 했다고 알려져 있다. 일부 추정에 따르면 그 메뚜기 떼는 약 12.5조 마리로 지구상에 기록된 동물 집단 중에 가장 큰 규모를 자랑했다고 한다. 하지만 1902년에 메뚜기는 사라졌고 박물관에는 거대했던 메뚜기 떼에 비해 믿기지 않을 만큼 부족한 표본 단 몇 점으로만 남아 있을 뿐이다. 그때 당시에 12.5조 마리의 동물과 마주한 누구라도 '멸종할 경우를 대비해' 잡아두어야 한다는 생각은 절대 하지 못했을 것이다. 그러나 이제 이 바짝 마른 삼총사는 고대 문명에서 유일하게 남겨진 파라오처럼 수납함 안에 누워 있다. 데이비드는 메뚜기의 멸종의 원인은 아직 확실하지 않지만 개척 농부들의 유입으로 농업 형태가 변화하면서 메뚜기의 생애 주기가 중단되었을 가능성이 있다고 설명했다. 우리는 곤충학 소장품 관리자인 크리스 그린터와 합류했다. 그린터는 그때까지 학생들에게 아카데미의 멋진 딱정벌레 소장품 중 일부를 보여주며 그들을 미래의 동물학자로 탈바꿈시키는 데 열중하고 있었다. 데이비드와 크리스는 '멸종 곤충' 진열장에 거주하는 또 다른 불행한 곤충의 역사에 대해 잠시 이야기를 나눈 뒤에 곤충이 담긴 수납함을 치웠다.

나는 이렇게 물었다. "이 아카데미에서 특별히 유명한 다른 표본이 있나요?" 데이비드와 눈빛을 교환한 크리스는 다시 나를 쳐다보며 말했다. "땅거북에 대해서는 알고 계시죠?" 나는 예습을 제대로 하지 않았음을 숨기지 못하고 또 다시 얼빠진 표정을 지었다.

"땅거북이요? 무슨 땅거북이요?"

8장

Chelonoidis abingdonii

핀타섬땅거북

핀타섬땅거북Chelonoidis abingdonii

정장을 입은 근엄한 문지기가 건물의 웅장한 아치형 입구를 지키고 있었다. 그리고 그 앞에서 한 남자가 가족과 사진을 찍기 위해 셀카봉을 고정하고 아내, 어린 딸과 함께 활짝 웃으며 손을 흔들고 있었다. 나는 웨스트 72번가 구석에 서서 절망과 경악이 섞인 감정을 담아 그들을 바라봤다. 그들이 방문한 장소에서 한 남자가 총에 맞아 죽었다는 점을 떠올리며, 그들의 웃음이 상당히 무례하다고 느껴졌다. 물론 그들에게 이곳은 그저 관광 명소이자 인스타그램에 업로드할 사진을 찍을 장소일 뿐이다. #뉴욕 #imagine #존 레논

나는 등교 준비를 하다가 비틀즈의 멤버 중 한 명이 살해되었다는 라디오를 들었던 그날을 아직도 기억한다. 1980년 12월 8일에 세상을 떠난 존 레논은 우리 행성의 호모사피엔스 45억 명 가운데 사라진 한 명이었을 뿐이다. 그러나 그는 유명한 스타였기 때문에 온 세상이 그대로 멈춰 애도를 표했다. 하지만 지금껏 동물종 하나가 통째로 사라진 순간을 다 같이 애도할 기회는 거의 없었다.

· · ·

2012년 6월 24일, 나는 일이 끝나고 집에 돌아와 한 동물종이 멸종했다는 뉴스를 읽었다. 마지막으로 살아남았던 핀타섬땅거북

은 울타리 내부 바닥에 죽어 있는 채로 사육사에게 발견되었다. 동물보호운동가들은 교배를 통해 운명의 날을 막을 수 있기를 바라며 핀타섬땅거북종의 개체를 필사적으로 찾아왔다. 땅거북은 40년 동안 자신의 짝을 기다려왔다. 그동안 땅거북은 보호활동을 통해 희망의 상징이라는 국제적 명성을 얻었고 유일하게 살아 있는 핀타섬땅거북으로 세상의 관심과 동정을 받았다. 제아무리 외로운 사람일지라도 '외로운 조지'만큼 외롭지는 못했을 것이다.

나는 줄곧 땅거북을 각별하게 생각해왔다. 나는 3살 때 부모님에게 땅거북을 선물로 받고 '투틀'이라는 이름을 지어주었다. 나는 애완동물이란 아이들에게 애착관계를 만들어주고 자신의 죽음을 통해 죽음은 피할 수 없다는 교훈을 주는 존재라고 생각한다. 그러나 수명이 긴 애완동물이었던 투틀은 애착도 죽음도 보여주지 않았다. 지난 48년간 그는 나를 무시하면서 작고 딱딱한 다리로 느릿느릿 정원 주변을 걸을 뿐이었다.

외로운 조지가 죽었을 때 그의 나이를 정확하게 아는 사람은 없었지만 100살이 넘었다는 의견에는 다들 동의하는 듯하다. 거대 땅거북은 세상에서 가장 오래 사는 동물에 속한다. 현재 기록 보유자인 조나단은 조지 퀴비에가 죽고 루이스 캐럴이 태어난 해와 같은 1832년에 부화했으며 188세인 지금도 여전히 정정하다. 그래서 더더욱 외로운 조지의 죽음은 전 세계의 주요뉴스를 장식하고 국제적인 공감을 불러일으켰는지도 모르겠다. 사람들은 핀타섬땅거북 보호활동의 교훈을 기억하기 위해 조지의 몸을 방부처리하여 전시하기로 결정했고, 75킬로그램의 사체를 비닐에 넣어 신속히 미라로 만든 다음 냉동고로 운송했다. 운송용 대형 상자를 제작해 승인을 받은 뒤 조지의 몸은 뉴저지의 크리스토퍼 콜롬버스 고속도로에서 조금 떨어진 곳에 있는 작업장으로 옮겨졌다. 업계 최고의 박제술사로 손꼽히는 조지 단테가 작업에 착수했다. 단테는 외로운 조지를 해동하여 틀을 뜨고 가죽을 벗기고 조각하고 칠하고 광을 냈다. 일 년간 공을 들이고 존경과 애정을 담아 장인정신을 발휘한 끝에 마지막 핀타섬땅거북 표본은 공개될 준비를 마쳤지만 먼 길을 돌아가야만 했다. 세상에 죽은 땅거북만큼 느린 것도 없으리라.

· · ·

핀타 섬은 에콰도르에서 서쪽으로 900킬로미터 떨어진 태평양의 갈라파고스 제도 최북단에 있는 섬이다. 갈라파고스 제도는 매우 활발한 화산지 중 하나인 적도를 가로지르며 극적인 분출과 융기를 통해 계속해서 섬이 다시 탄생하고 재편성되고 있다.

1535년 3월 10일에 길을 잃고 표류하다가 핀타 섬을 발견한 공로를 인정받은 파나마의 4번째 주교는 핀타 섬에 대한 최초의 후기를 남겼다. "바다표범과 사람 한 명을 실어 나를 수 있을 만큼 커다란 땅거북 외에는 아무것도 없다." 1570년대 지도에 '땅거북의 섬'이 등장했을 만큼 그 섬에서 땅거북은 눈에 띄는 특징이었다.

거대 땅거북은 한때 꽤 많은 지역에 널리 퍼져 있었다. 등껍질로 중무장한 이 파충류는 호주와 남극 대륙을 제외하고 모든 대륙을 정복했다. 땅거북은 이따금 대륙에서 떨어져 나오더라도 담수나 먹이 없이도 몇 달 동안 살 수 있는 능력과 부력을 가진 몸체 덕분에 해류를 타고 외딴 섬에 도달할 수 있었다. 거대한 대륙에서 멸종한 이후 최근까지 살아남은 소수의 땅거북 개체들은 세이셸과 마스카렌 제도(모리셔스, 로드리게스, 레위니옹), 갈라파고스 세 지역의 섬에 자리를 잡았다.

그러던 중 1835년 9월 17일에 갈라파고스 제도의 방문객 중 가장 유명한 사람인 찰스 다윈이 작은 배를 해안가로 밀어 올린 뒤 검은 현무암 위로 걸어올라갔다. 섬에 대한 찰스 다윈의 첫 감상은 갈라파고스를 찾아온 관광객을 위한 선전문구로는 적합하지 못한 내용이었다. "이보다 더 험하고 지독할 수 없다. 이곳은 마치 울버햄프턴(영국의 공업도시)을 떠오르게 한다." 김을 내뿜는 분화구와 화산 원뿔구는 다윈에게 영국 산업 불모지의 폐석과 잡돌더미 같은 광경이었던 것 같다. 그는 이곳에서 (그의 표현에 따르면) "작은 잡초처럼 보잘것없는" 식물과 동물 표본을 수집하며 5주를 보냈다. 다윈은 해변에서 햇빛을 흡수하고 있는 바다이구아나를 ("흉물스러운 머리"를 가진 "역겹고 꼴사나운 도마뱀"이라고 표현할 정도로) 특히나 싫어했던 것으로 보인다. 다윈은 그저 무슨 일이 일어나는지 궁금하다는 이유로 바다이구아나 한 마리의 꼬리를 잡고 바다에 내던졌다. 바다이구아나는 꿋꿋하게 바다에서 나와 원래 일광욕을 하던 장소로 돌아가려 애썼지만 다윈은 그 이구아나를 몇 번이고 바다로 던졌다고 한다.

하지만 거대 땅거북은 바다로 던질 수 있는 방법이 없었다. 다윈은 이렇게 적었다. "땅거북은 너무 무거워서 들어 올릴 수 없었다." 다윈은 선사시대 외모를 가진 이 생명체가 자신이 가까이 다가갈 때면 쉭쉭 소리를 내 위협하며 움직이는 모습을 경이롭게 바라보았다. 다윈은 엉금엉금 움직이는 땅거북들이 담수 웅덩이로 다가가 머리를 물속에 넣고 "1분에 10모금 정도 물을 삼키는" 모습을 보며 즐거워했다. 다윈은 가끔씩 거북의 등 위로 뛰어올라갔지만 오랫동안 균형을 유지하는 법은 터득하지 못했다. "내가 등껍질 뒤쪽을 몇 번 두드리자 땅거북들은 다리를 내밀고 기어가버렸다."

이구아나 부메랑을 던지거나 거북이 로데오를 타고 놀지 않는 시간에 다윈은 플로레아나 섬의 노르웨이 출신 부총독인 니콜라스 로슨과 저녁 식사를 했다. 로슨은 땅거북이 너무 커서 들어 올리려면 남성 6~8명이 필요하다는 이야기를 들려주었다. 또한 로슨은 다윈에게 등껍질 모양으로 그 거북이 어떤 섬에서 왔는지 알 수 있다고 언급했다. 다윈은 후에 이 발언에 조금 더 관심을 두었어야 했다고 인정했지만 그때는 머릿속에 다른 생각을 떠올리고 있었다. 갈라파고스에서 시간을 보내는 동안 다윈의 뇌 한 구석에서는 한 가지 발상이 떠올랐다. 그것은 아주 위대한 발상이었다. 그러니 다윈이 거대 땅거북 위에 걸터앉아 노을 속으로 걸어갔더라도 지금은 문제 삼지 말도록 하자. 다윈은 등에 자신이 앉아 있다는 사실을 알아차리지 못하고 있는 아주 거대한 이 생명체의 수수께끼를 풀어줄 단서를 찾고 있었으니 말이다.

　니콜라스 로슨의 말이 맞았다. 갈라파고스 제도의 서로 다른 섬에서 발견된 땅거북들은 확실히 모습이 달랐다. 진화의 활약으로 땅거북은 각 섬의 서로 다른 서식지에 적응하기 위해 각각 15개의 종으로 분화했다. 각각의 종은 등딱지의 특징에 나타나는 미묘한 차이로 구분할 수 있었다. 대체로 건조한 섬에 사는 땅거북은 앞쪽 가장자리를 따라 테두리가 솟아오른 '안장 모양' 등딱지를 가졌고 크기가 더 작았다. 이 테두리는 땅거북이 목을 위로 뻗어 키가 큰 식물을 먹거나 머리를 높게 올려 우성을 과시할 수 있게 해주었다. 식물들이 무성하고 낮게 자라는 습한 섬에서는 땅거북 머리가 아래로 향해 있었다. 이런 땅거북종들은 등껍질에 테가 솟아 있을 필요가 없어 반구형이었다. 니콜라스 로슨은 땅거북의 다양성에 대해서는 뛰어난 통찰력을 보여주었지만 땅거북의 미래에 대해서는 그렇지 못했다. 1835년 다윈과의 저녁식사 중에 그는 플로레아나 섬의 거대 땅거북이 20년 안에 멸종할 것이라 예상했다. 그러나 땅거북의 멸종은 그보다 더 빠른 10년 안에 일어났다.

. . .

나는 지난 48년간 단 한 번도 투틀의 주름진 목과 비늘 같은 다리를 보고 맛있겠다고 생각해본 적이 없다. 그러나 초기 갈라파고스 방문자 중 한 명은 그렇지 않았던 것 같다. 그의 말에 따르면 땅거북은 "우리가 맛본 그 어떤 음식보다 더 맛있게 느껴졌다"고 한다. 땅거북은 포장음식으로서는 완벽한 조건을 갖추고 있었다. 스스로 자체 포장용기 안으로 들어가는데다 편리하게 뒤집어 포갠 뒤 배의 짐칸에 보관할 수도 있었다. 땅거북은 물도 먹이도 필요로 하지 않았고 끓는 냄비 안에 빠트릴 때까지 수개월간 신선하게 살아 있었다. 섬이 발견된 이후로 해적부터 영국의 해군 사관, 캘리포니아에서 황금을 캐는 사람들까지 모두가 이 섬에 들러 갈라파고스거북을 배에 싣고 갔다. 크기가 작은 암컷 땅거북은 아주 쉬운 사냥감이었다. 암컷은 더 가벼워 옮기기 쉬웠고 부드러운 모래에 알을 낳기 때문에 해안가 가까이에서 발견되곤 했기 때문이다. 사람들은 식량으로 삼기 위해 일상적으로 땅거북을 죽였고 식사에 사용된 한줌을 제외한 나머지 고기는 섬에 들어온

쥐와 개가 차지했다. 쥐와 개들은 섬에 들어온 이후로 알을 파내거나 어린 땅거북을 집어삼켰다. 무리를 지은 사람들은 섬을 샅샅이 뒤져 땅거북들을 체계적으로 대학살했고 등껍질 속에 고인 지방을 긁어냈다. 그리고 이 지방을 녹여 에콰도르의 가로등 불빛을 태우는 맑고 귀한 기름을 만들었다. 20세기 이전까지 최대 20만 마리의 거북을 도살한 것으로 추정하고 있다.

1891년에 갈라파고스를 방문한 독일의 고생물학자 게오르크 바우어는 살아 있는 진화의 증거인 땅거북이 말살당해 과학계에서 사라지는 모습을 목격했다. 그리고 세계의 동물학자들에게 위험신호 조명탄을 쏘아 올렸다. 사라지고 있는 동물들을 살리자는 경고는 아니었다. 오히려 "너무 늦기 전에, 반복합니다. 너무 늦기 전에! 수집해야 합니다"라고 재촉하는 조명탄이었다.

· · ·

바우어의 간청에 응답한 사람은 세계에서 가장 위대한 자연물 수집가인 월터 로스차일드였다. 로스차일드가 모든 갈라파고스거북종의 표본을 수집품으로 삼길 원했음은 당연한 일이었다. 그러나 그의 거대 땅거북 수집은 체크리스트를 채우는 수준을 넘어섰다. 로스차일드는 땅거북을 진정으로 사랑했고 땅거북 보존에 열성을 보였다. 갈라파고스 중앙에 있는 작은 핀존 섬의 땅거북이

조만간 멸종해버릴 것 같다는 이야기를 듣고 로스차일드는 '크거
나 작거나, 죽었거나 살아 있는' 모든 거북을 닥치는 대로 들여오
기 위해 군도의 구조 임무에 자금을 댔다. 1897년에 파견된 탐험
대는 3개월 반을 갈라파고스에서 보냈고 로스차일드를 위해 땅
거북 65마리와 표본이 담긴 상자 60개를 싣고 돌아왔다. 탐험대
는 자신들이 목격한 끔찍한 땅거북 대학살에 대한 이야기도 함께
들려주었다. 1898년에 로스차일드는 갈라파고스 제도에 살아 있
는 모든 종류의 거대 땅거북이 3년 안에 사라질 것이라고 예상했
다. 그래서 1900년에 개인 재산을 쏟아 부어 인도양 섬에 있는 집
을 임대했고 외딴 알다브라 환초 일부를 사유지로 만들어 세이셸
의 알다브라코끼리거북을 구하려 했다. 그리고 1901년에는 캘리
포니아 수집가인 롤로 벡에게 새로운 갈라파고스 임무를 맡겼다.

　　1897년 탐험대의 구성원으로 참여한 벡은 표본을 수집하는
임무에 있어서만큼은 맹목적이고 대쪽 같은 성품을 자랑했다.
1901년에 로스차일드의 소원목록 최상단은 1897년에 놓친 이
후로 줄곧 탐을 내고 있던 핀타섬땅거북이 차지했다. 벡은 이 탐
험에서 핀타 섬에 있는 땅거북 두 마리의 위치를 찾아 자신의 성
실함을 증명했다. 우선 '늙은 이끼등딱지'라는 별명이 붙은 나이
든 수컷은 너무 커서 옮길 수 없었기 때문에 죽인 다음 그 자리에
서 가죽을 벗겼다. 두 번째 땅거북은 절벽에서 떨어진 후 포획되
어 한쪽 눈을 잃었다. 좀 더 작고 단순한 등껍질을 가진 것으로 보

아 이 땅거북은 암컷으로 추정되었는데, 이것이 확실하다면 핀타섬땅거북 중에 유일하게 발견된 암컷이었다. 벡은 암컷 땅거북을 산 채로 영국으로 옮길 수 있길 간절히 바랐지만 땅거북이 그 과정에서 살아남지 못할 것이라고 생각했기 때문에, 외눈박이 숙녀를 죽인 다음 가죽을 벗겨 준비시켰다.

1901년 탐험 중 벡이 찍은 사진에는 차마 보기 힘든 무참한 파괴와 학살이 담겨 있다. 다윈이 물 마시는 땅거북을 관찰했던 물웅덩이는 이제 묘지로 변했다. 부서진 땅거북의 등딱지 조각들이 지평선 위에 펼쳐져 있는 황량한 풍경이 담긴 사진은 정말 보기 힘들 정도로 역겨웠다. 과학이라는 이름으로 땅거북을 잡아 죽이며 그것을 정당화하고 갈라파고스에 무자비한 대학살을 촉발시킨 동물학자들의 기록 역시 예사롭게 읽을 수 없었다. 이것이 바로 20세기 초기의 보호활동이었다. 생명체의 종을 지키기보다는 그들이 사라지기 전에 표본을 확보하여 보호하려는 과학계의 경쟁이었던 셈이다.

・ ・ ・

1905년 6월 28일의 아침, 23년 전에 레온하르트 스티네거가 지나갔던 짧은 여정과 같은 길로 예인선 한 척이 11명의 선원과 과학자가 탄 범선을 이끌고 샌프란시스코의 안개 낀 골든게이트 해

협을 통과해 서쪽으로 향했다. 범선은 스티네거의 증기선이 북쪽
으로 뱃머리를 돌렸던 태평양에 도착한 뒤 돛을 올려 갈라파고스
부근의 남쪽으로 향했다. 이 범선에 타고 있던 롤로 벡은 캘리포
니아 과학아카데미의 명령으로 17개월간 이어진 수집 활동을 이
끌었다.

벡은 갈라파고스 전역에서 9달 동안 표본 수천 점을 무자비하
게 수집한 뒤, 1906년 4월 4일에 홀로 달빛을 받으며 군도에서
가장 탐험이 덜 진행된 페르난디나 섬의 새까만 화산에 올랐다.
3일간의 등산과 사냥으로 지쳤지만 벡은 거대한 수컷 땅거북을
발견할 수 있었다. 그는 이 섬에서 수컷 땅거북이 최초로 발견되
었다는 사실을 알고 있었지만, 그 땅거북이 페르난디나 섬의 마
지막 땅거북이라는 사실은 알지 못했다. 험한 지형을 지나 범선
으로 이동시키기에는 수컷 땅거북이 너무도 무거웠기 때문에 롤
로 벡은 칼을 집어들고 페르난디나섬땅거북을 멸종시켰다. 그로
부터 2주 후, 지구도 자신의 말살 능력을 발휘했다.

· · ·

1906년 4월 18일 수요일 오전 5시 12분, 미국 역사상 가장 강력
한 지진이 샌프란시스코를 덮쳤다. 지진과 그에 따른 화재로 도
시의 80퍼센트가 파괴되었다. 마켓 거리에 있던 캘리포니아 과

학아카데미의 박물관도 일부 파괴되었는데 화재가 발생하자 할
수 있는 한 수집품을 구하기 위해 직원들이 집결했다. 식물학자
엘리스 이스트우드는 용감하게 부서지는 계단 위로 올라가 발코
니에서 자신의 속옷 천 조각으로 만든 밧줄을 이용해 귀중한 표
본을 내렸다. 수만 가지 표본들이 사라졌는데 그중에는 로르퀸이
수집한 서세스블루가 있었고 스티네거의 말에 따르면 세계에서
가장 상태가 좋았던 스텔러바다소의 골격도 있었다. 샌프란시스
코의 참상에 대한 소식을 들은 갈라파고스의 과학자들은 자신들
의 배에 실려 있는 표본의 중요성을 인식하게 되었다. "이제는 우
리가 아카데미나 다름없다."

10년 뒤에 캘리포니아 과학아카데미는 골든게이트 공원에 있
는 현재 위치로 자리를 옮겼다. 1989년에 잇따른 지진으로 건물
을 다시 설계해 "샌프란시스코에 어떤 일이 생기더라도 견딜 수
있게" 재건축했다고 곤충학 소장품 담당자인 크리스 그린터는
설명했다. 그린터와 전시 보조 책임자인 데이비드 베트만은 보안
진열장에 멸종 곤충을 돌려놓은 다음 건물 지하 깊은 곳에 있는
강화문으로 나를 이끌었다. "1906년에 롤로 벡의 탐험대는 아카
데미를 다시 세울 수 있을 만큼 다양한 수집품을 싣고 돌아왔어
요." 크리스는 내게 말했다. "7만 8천 가지의 표본 중에는 땅거북
표본이 266개 있었습니다." 그가 보안카드를 판독장치에 가까이
가져가자 무거운 문이 열렸고 넓고 서늘한 저장고로 발을 내딛었

을 때 우리는 갈라파고스땅거북 무리 사이에 서 있었다. 수납함 하나에 130마리가 가지런히 들어가는 서세스블루와 대조적으로 갈라파고스땅거북 수백 마리는 보관 자체가 중대한 임무였다. 땅거북 표본들은 주로 가죽을 벗겨 폴리에틸렌 비닐을 뒤집어씌운 상태였지만 박제된 후 포개놓은 한 쌍의 땅거북은 주름진 목을 밖으로 내밀고 늙은 보초병처럼 맨 위 선반에서 우리를 노려보고 있었다. 크리스가 나를 돌아보며 말했다. "모든 표본에 비산염 처리를 했으니 조심하세요." 자세한 설명을 원하는 내 표정을 읽은 듯 그는 다시 설명했다. "비소 처리를 했다는 뜻이에요. 그러니 핥으시면 안 됩니다." 그때까지만 해도 나는 땅거북을 핥을 의도가 없었는데, 왜 누가 무언가를 하지 말라고 말하면 금세 하고 싶어지는 것일까?

모든 땅거북의 이름표에는 출신 섬에 대한 중요한 세부내용이 적혀 있었기에 우리는 1906년에 핀타 섬에서 수집된 3마리의 수컷 표본 중 하나의 위치를 찾을 수 있었다. 나는 이 표본이 외로운 조지나 늙은 이끼등딱지, 외눈박이 숙녀와 가까운 친척일지 궁금했다. 생명이 없는 등껍질들 사이에 서서 크리스와 데이비드와 나는 1세기 동안 땅거북에 대한 태도와 선택권이 얼마나 개선되었는지 되돌아보았다. 현재 캘리포니아 과학아카데미는 적극적인 국제 보호 활동과 복원 계획을 수행하고 있고 갈라파고스에서는 갈라파고스 보호단체와 갈라파고스 국제공원당국이 선구적

인 보호 계획과 강화된 법적 보호활동을 감독하고 있다. 예전보
다는 많은 발전을 이룬 것이다.

반구형 등딱지 표본들이 전시되어 있는 통로를 따라 땅거북
한 마리가 반항적으로 목을 쭉 빼고 있다. 크리스가 그 거북을 내
게 소개했다. "페르난디나섬땅거북^{Chelonoidis phantastica}이에요."
1906년 4월 4일, 롤로 벡이 달빛 아래에서 가죽을 벗긴 안장 모
양 등딱지의 수컷이었다. "이 거북은 생사 여부에 관계없이 같은
종류 중 전 세계에서 유일하다고 알려진 표본입니다." 크리스가

이렇게 말하는 순간, 내 상상일 수도 있고 어쩌면 깜박거리는 보관실 불빛이 땅거북의 유리 눈에 반사되었을 수도 있지만, 나는 틀림없이 땅거북이 나에게 윙크하는 모습을 보았다.

수십 년간 아카데미에 있는 핀타섬땅거북 표본은 핀타섬땅거북종의 마지막을 담고 있다. 과학 연구 목적이든 저녁식사 목적이든 1906년 이후로 얼마나 많은 땅거북을 핀타 섬에서 수집했는지는 정확히 알려지지 않았다. 다만 1959년의 어느 날 어부들이 미래의 방문자들을 위한 식량 공급원이 되길 바라며 핀타 섬에 염소 3마리를 풀어주었다는 사실은 잘 알려져 있다. 염소들은 개체 수를 늘려갔고 핀타 섬의 식물들을 먹어치우며 살아남은 핀타섬땅거북들이 먹을 만한 먹이를 모두 훼손하고 섬의 풍경을 바꾸었다. 결국 관리인들은 20년에 걸쳐 4만 마리의 염소들을 총으로 쏘아 염소 떼를 소탕해야 했다.

· · ·

1971년 12월 1일에 헝가리 과학자 요제프 베그볼기와 그의 아내는 핀타 섬에서 달팽이를 연구하던 거주자와 마주쳤다. 바로 거대한 수컷 땅거북이었다. 땅거북은 위협적으로 몇 번 쉭쉭거린 뒤에 카메라를 향해 웃어보였다. 베그볼기는 그 중요성을 인식하지 못했지만 그 사진은 65년 만에 핀타 섬에서 땅거북이 발견되었다는 증거였다. 이 수컷 핀타섬땅거북은 다음 해 봄에 다시 발견되었고 산타크루즈 섬에 있는 찰스다윈연구센터로 옮겨져 안전한 삶을 살게 되었다.

종족의 마지막 생존자로 알려진 외로운 조지의 역사는 이렇게 시작되었다. 사람들은 수십 년 전에 잡힌 뒤 어느 동물원에서 잊힌 채로 풀을 뜯고 있는 암컷이 한 마리쯤은 있을지도 모른다는 희망을 품고 곧바로 암컷 핀타섬땅거북에게 1만 달러의 현상금을 걸었다. 한편 연구센터로 옮겨진 조지는 유명해졌다. 그는 수영장이 딸린 고급스러운 우리를 얻었고 몸무게가 많이 늘었으며 성 생활에 대해 지나칠 정도로 집요한 간섭을 받았다. 과학자들은 조지를 다른 가까운 친척 종과 짝짓기시켰지만 불행히도 그 결과물인 알은 생존하지 못했다. 외로운 조지는 심지어 살해협박을 받기도 했다. 1995년에 보호 규제에 불만을 가진 현지의 어부들은 연구센터의 직원을 인질로 붙잡고 '외로운 조지에게 죽음을'이라는 구호를 외쳤다. 40년 동안 수많은 관광객들이 세상에서 가장 외로운 동물의 사진을 찍기 위해 줄을 섰다. 그리고 조지는 매일 자신이 혼자가 아니라는 사실을 알게 해줄 같은 종족을 맞이하길 기다렸다. 그러나 2012년 6월 24일 아침, 외로운 조지를 30년간 돌봐주었던 파우스토 예레나는 울타리 안 바닥에 축 늘어진 조지를 발견했다.

• • •

존 레논이 쓰러진 장소에서 몇 골목 너머에 있는 미국 뉴욕 자연
사박물관 밖에는 시어도어 루스벨트가 청동 말 위에 걸터앉아 있
다. 나는 바로사우르스^{Barosaurus} 옆의 대기 행렬에 자리를 잡고 어
린 시절 바라던 또 다른 꿈을 이룰 생각에 신이 났다. 나는 집으로
가는 여정 중간에 세계적으로 유명한 박물관에 방문하기 위해 뉴
욕에 잠시 들른 참이었다. 외로운 조지도 마찬가지였다. 조지 단
테가 훌륭하게 부활시킨 세계에서 가장 유명한 땅거북은 뉴저지
에서 다시 갈라파고스로 가는 여정 중간에 미국 자연사박물관에
서 4개월간 전시되었고 방문객들은 인스타그램 계정에 사진을
채웠다. #뉴욕 #멸종 #외로운 조지

조지가 전시된 지 이미 4년이나 지나 조지에게 경의를 표할 수
는 없었지만 나는 자연사박물관을 몇 시간 동안 돌아다니면서 올
메크 두상과 유성, 마스토돈 등을 보며 열광했다. 하지만 그곳에
서 가장 감명 깊었던 전시물은 거대 입체 모형들이었다. 박제 동
물이 들어 있는 대형 진열 선반들은 세계 곳곳의 현장을 생생하
게 재현하고 있었다. 이 입체 모형은 아주 거대해서 나는 그 규모
에 압도되어 말 그대로 굳어버렸다. 나는 아프리카 사바나를 관
찰하고 있다는 착각에 빠져 앞으로 몸을 숙이다가 유리에 쿵 소
리가 날 정도로 강하게 이마를 부딪치기도 했다. 너무 세게 부딪

혀 전시실이 빙글빙글 돌고 별이 보여 어딘가에 앉아 있어야 할 정도였다. 이곳의 입체 모형은 부스 박물관의 입체 모형보다 확실히 훨씬 더 인상적이었다.

뉴욕 박물관의 월터 로스차일드 새 표본 수집품은 명백하게 뉴욕 박물관이 영국에서 뺏어온 전시품이다. 당시 부유한 수집가였던 로스차일드는 정부의 집요한 견제로 경제적인 문제를 겪고 있었고, 그것을 해결하기 위해 알다브라 섬의 거대 땅거북 보호구역 임대를 포기할 수밖에 없었다. 또한 1931년에는 그가 가진 거의 모든 새 소장품을 미국 자연사박물관에 팔아야만 했다. 울며 겨자 먹기로 28만 점의 새 표본을 22만 5천 달러에 판매한 뒤로 로스차일드는 우울증에 빠졌다. 1937년에 세상을 떠난 후 그의 나머지 값비싼 소장품은 영국 박물관에 남겨졌다. 로스차일드의 144마리 거대 땅거북 표본은 이제 박물관 보관실 여기저기에 흩어져 있고, 1901년에 롤로 벡이 수집해 트링에 전시 중인 늙은 이끼등딱지라는 별명을 가진 핀타섬땅거북도 마찬가지다. 아마도 세계에서 유일한 암컷 핀타섬땅거북 표본일 벡의 외눈박이 숙녀 역시 저장고에 갇혀 있다.

세계에서 가장 외로운 동물인 외로운 조지는 완벽한 표본이 되어 집으로 돌아왔고 지금은 갈라파고스 제도의 산타크루즈 섬에 있는 호프 전시홀의 상징물로 남아 머리를 높이 든 채 서 있다. 그는 일생의 마지막 40년을 보낸 울타리에서 멀지 않은 곳에 자리를 잡았다. 전시홀 벽에 붙어 있는 알림판에는 다음과 같이 적혀 있다. "한 마리 땅거북에게 일어난 사건은 지구상에 살아 있는 모든 것들의 운명이 언제나 인간의 손에 달려 있다는 것을 떠오르게 한다."

· · ·

집으로 돌아온 다음 날 아침에 나는 투틀을 확인했다. 그는 여전했다. 투틀은 등딱지 속 깊이 숨어 거의 숨도 쉬지 않고 6개월간 동면을 하는 중이다. 나는 투틀을 다시 상자에 넣어주고 즐거운 꿈을 꾸도록 놔두었다.

 땅거북을 사랑하려면 장기간의 헌신이 필요하다. 우리는 거의 48년 동안 함께했다(비록 그중에 24년만 깨어 있었지만). 중년기에 접어든 나는 여전히 어린 시절의 애완동물과 살고 있으며 투틀은 보나마나 나보다 오래 살 것이다. 나는 내 장례식에 투틀이 검은 옷을 입고 관을 무덤으로 옮기는 상상을 했다. 투틀이 무덤까지 도착하려면 백파이프가 '어메이징 그레이스'를 127번 정도는 연주해야 할 것이다. 그러나 투틀의 종족은 위험에 빠졌다. 그리스거북Testudo graeca은 이제 멸종 취약종으로 분류된다. 애완동물 공급을 위한 국제적인 땅거북 포획은 야생 개체들의 감소에 중대한 영향을 미쳤다. 아침식사를 하면서 나는 1970년대 초에 투틀을 애완동물로 받고 즐거워했던 그때, 내가 그리스거북의 멸종에 어느 정도 기여하지 않았을까 하고 생각해본다. 그 사실을 자각하면서 침울해진 상태에서 주요기사를 살펴보던 나는 먹던 음식이 목이 막힐 뻔했다. '한 세기가 지난 뒤에 다시 발견된 멸종 갈라파고스땅거북.'

롤로 벡이 세계에서 유일하다고 알려진 페르난디나섬땅거북을 발견하여 죽이고 수집품으로 만든 이후에도 희망을 버리지 않은 보호운동가들은 다른 땅거북의 위치를 찾으려했지만 그 노력은 실패로 돌아갔다. 전설적인 히말라야 탐험가인 에릭 쉽튼Eric Shipton이 1960년대 그 섬을 찾았을 때조차 페르난디나땅거북보다 예티를 찾을 가능성이 높을 것이라는 결론을 내리기도 했다.

그러나 2019년 2월에 갈라파고스 보호단체 소속의 워싱턴 타피아와 갈라파고스 국제공원지기인 제프리스 말라가가 이끄는 탐험대는 페르난디나의 거대한 검은 용암층을 가로질러 외딴 풀밭에 도착했고 태연하게 선인장을 씹고 있는 신화에 가까운 생명체를 발견했다. "그때의 감정은 이루 말할 수 없었습니다." 타피아가 말했다. "100년이 넘는 시간 동안 발견되지 않다가 마침내 발견된 페르난디나땅거북이었으니까요!" 불과 1주 전만 해도 나는 차가운 보관실 안에서 그곳 섬에서 유일하게 발견된 땅거북의 유리 눈을 응시하고 있었다. 그런데 이제 여기에 또 다른 땅거북의 어리둥절한 얼굴이 전 세계의 뉴스를 도배하고 있었다. 놀랍게도 이 늙은 암컷은 120년 이상을 살았을 것으로 추정되므로 1906년에 롤로 백이 모르고 지나쳤을 가능성도 있다. 그렇다면 참 다행인 일이다.

그런데 이 암컷은 진짜 페르난디나섬땅거북일까? 아니면 지난 세기의 어느 시점에 이웃 섬에서 페르난디나 섬으로 건너온 또 다른 갈라파고스땅거북종일까? 2020년에 예일대학교 과학자들은 새롭게 발견된 암컷 땅거북의 혈액 표본을 분석하기 시작했고 갈라파고스에서는 추가로 페르난디나에 탐험대를 보내겠다는 계획을 세웠다. 이 암컷은 어디에 숨어 있다가 나타난 걸까? 섬에는 다른 땅거북이 더 살고 있을까? 어쩌면 우리는 지구에서 가장 외로운 조지의 별명을 이어받을 상속자이자 외로운 조지의 우리로 이사하게 될 새로운 입주자를 찾았을 뿐일지도 모르겠다.

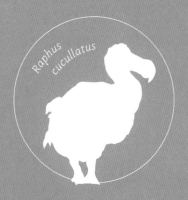

9장

도도

도도 Raphus cucullatus

사방이 도도 초상화와 만화, 수채화들로 도배되어 있었다. 모퉁이마다 도도를 나무로 깎고 점토로 조각하고 빚어놓은 작품들이 즐비했고, 선반에는 도도에 관한 책과 과학 전공논문, 동화가 채워져 있다. 복잡한 문양의 도도 도자기가 도도 골무와 책갈피, 삶은 달걀용 그릇, 성냥갑과 나란히 진열장 안에 줄지어 있다. 도도 그림엽서와 와인 따개, 열쇠고리에 도도 접시와 놀이용 카드, 냉장고 자석, 병따개, 배지, 도장도 있다. 이 정도면 엘비스나 혹은 예수에게나 해당되는 수준의 우상숭배다. 도도에 압도당한 나는 그만 소파에 털썩 주저앉고 말았고 자수가 놓인 도도 쿠션 한가운데에 파묻혔다. 그때 도도 티셔츠를 입은 한 남자가 다가와 진한 차 한 잔을 내밀었다. 도도 머그잔에 담긴 차였다.

· · ·

우리 집에서 차로 한 시간 정도 거리에 있는 소도시 배틀^{Battle}은 숲이 우거진 서섹스의 삼림지대에 자리하고 있다. 배틀에 방문한 많은 사람들이 찾는 주요 명소인 배틀 수도원은 1066년 10월 14일에 이곳에서 발생한 헤이스팅스 전투로 흘린 피에 대한 속죄로 정복왕 윌리엄이 세웠다고 알려졌다. 이 전쟁터의 북쪽 외곽에는 약 350년 전에 9,600킬로미터 너머에서 일어난 또 다른 희생자 도도를 기리는 성지가 있다.

랄프 휘슬러는 도도와 관련된 모든 물건을 모으는 광적인 수집가다. 나는 랄프라는 이름마저도 도도의 학명인 라푸스 쿠쿨라투스Raphus cucullatus에서 따왔을지도 모르겠다고 생각했지만 랄프는 그저 행복한 우연이었을 뿐이라고 단언했다. 80대 후반에 들어선 랄프는 자신의 집 '도도 하우스'에서 벽과 선반, 진열장을 모두 도도로 채우며 수십 년을 보냈다. 랄프는 환상적이지만 어수선한 수집에 영감을 준 도도 뼈 일곱 개를 내게 자랑스럽게 소개했다. 랄프가 조류학자였던 아버지에게 물려받은 이 뼛조각은 이 모든 도도 잡동사니를 모으는 계기가 되었다. 랄프가 대접한 차를 두 잔째 마신 뒤에 나는 양해를 구하고 잠시 화장실에 들렀다. 화장실 역시 도도가 온 벽을 뒤덮고 있었다. 그런데 뭔가 어색한 느낌이 들었다. 바로 변기였다. 변기와 변기 뚜껑에는 도도가 없었다. 변기는 너무 깨끗했고, 평범했다. 정말 변기에는 도도가 없을까? 변기 뚜껑을 들어 올리자 뚜껑 아랫면에 붉은 실루엣의 도도가 웃고 있었다. 솔직히 말해 도도가 없었더라면 실망했을 것이다.

도도는 불가사의한 동물이다. 도도는 "도도새처럼 더 이상 존재하지 않는다"라는 말을 남기고 사라졌지만 죽음을 초월해 희화화와 대상화, 상품화를 거치고 있을 법하지 않은 땅딸막한 캐릭터로 부활했다. 도도는 웃는 얼굴을 한 멸종 동물로 애매한 불멸을 얻었다. 나는 변기 뚜껑 아래에서 웃는 도도를 보며 물을 내렸고 변기 안에서 소용돌이가 쳤다.

• • •

몰아치는 태풍에 흑해가 소용돌이치고 파도가 높이 솟아 배를 세
차게 때렸다. 배 8척으로 이루어진 함대 전체가 태풍에 휘말리고
있었다. 함대는 100일 전에 네덜란드를 떠난 이후로 꾸준히 전
진하고 있었지만 희망봉을 돌아 나온 뒤부터는 신이 자신들을 버
린 것이 틀림없다고 생각했을 것이다. 태풍 속에서 배 5척이 떨어
져 나갔고 해군 중장 비브란트 반 버벡이 길을 잃은 배 5척을 이
끌고 물과 식량이 떨어질 때까지 계속해서 동쪽으로 항해했다.
계속되는 항해에 선원들이 불안해했으나 40일이 지난 1598년
9월 17일경에 선원들은 지상낙원에 도착했고 반 버벡은 잃어버
린 신임을 회복했다. 그들의 눈앞에 펼쳐진 것은 바위투성이 산
과 빽빽한 숲이 있는 천국의 광경이었다. 아랍의 상인과 포르투
갈 탐험가들에게는 알려져 있었지만 마다가스카르에서 동쪽으
로 800킬로미터 거리에 있는 인도양 중앙의 이 화산섬은 여전히
무인도로 남아 있었다. 안전한 장소를 찾았다는 사실에 안심한
선원들은 섬을 탐색했고 야자나무가 늘어선 해변에 배를 댄 뒤
신선한 물과 식량을 열심히 비축했다. 통통하고 맛있는 비둘기와
앵무새는 너무나도 온순해서 나무에서 막대기로 떨어트릴 수 있
을 정도였다. 물고기도 많아서 단 두 명이서 물고기를 잡아 5척의
배에 탄 선원들을 충분히 먹일 수 있었다. 또한 그들의 주장에 따

르면 뒤집어 놓은 등껍질 안에서 10명이 앉아 식사를 할 수 있을
만큼 커다란 땅거북도 있었다고 한다.

선원들은 흑단나무 그늘 아래에서 "백조만큼 덩치가 크고 큰
머리에 작은 두건을 두른 듯한 베일이 있는" 새와 마주쳤다. 겁이
없고 날지 못하는 이 새들은 "날개는 없지만 그 자리에 3~4개의
검은 깃털이 있었고 꼬리가 있어야 할 위치에는 3~4개의 작고 곱
슬곱슬한 회색빛 깃털이 있었다." 선원들에게는 생전 처음 보는
생김새였다. 새들도 마찬가지로 어리둥절했다. 세계 무역을 이해
하지 못한 새들은 자신들이 현대 자본주의의 탄생을 목격하고 있
다는 사실을 이해할 수 없었을 것이다. 해변에 정박한 네덜란드
함대는 인도네시아 향신료 교역에 침투하기 위한 임무를 수행 중
이었고 이 탐험은 무소불능의 국제적 교역 복합 기업인 네덜란드
동인도 회사의 탄생으로 이어졌다.

해군 중장 반 버벡은 이 섬을 네덜란드 소유라고 선언하며 모
리셔스라는 이름을 지어주었다. 새에게도 볼크보젤Walckvogel(병약
한 새라는 의미의 네덜란드어에서 유래한 이름 - 역자 주)과 드론트Dronte
(부풀다라는 의미의 포루투갈어에서 유래 - 역자 주)를 포함한 여러 가
지 이름이 거론되었지만 그중에서 토실하고 덥수룩한 깃털이 달
린 엉덩이에서 착안한 도다스(독일어로 논병아리를 부르는 이름 - 역
자 주)에서 따온 도도라는 이름이 선택되었다. 도도의 생태나 행
동 양식에 대해서는 의외로 자세한 관찰 기록이 거의 없다. 게오

르크 스텔러도 필요할 땐 없다더니. 다양한 학술지와 일기를 통해 우리는 도도가 과일을 먹고 거위 새끼와 같은 소리를 냈으며 풀밭의 둥지에 알 하나를 낳았을 것이라는 정보를 얻었다. 도도새는 '경쾌하게 겁 없이 걸어다녔고' 스스로를 방어하기 위해 엉뚱하게 구부러진 부리를 사용했을 것이다. 기이하게 생긴 도도새는 호기심을 가진 사람들 사이에 유행이 되었다. 1628~1634년 사이에 인도 수랏의 모굴 황제 자한기르의 동물원에 도도새가 두 마리 있었다는 흔적이 남아 있으며, 1647년에 일본의 나가사키에서 도도새 한 마리의 흔적이 발견되기도 했다. 하지만 어린 시절 내가 비현실적이고 기상천외한 즐거움을 느꼈던 도도의 전설은 따로 있다. 나는 아직도 그 이야기를 좋아한다. 바로 도도가 한때 영국에도 있었다는 이야기다.

· · ·

나는 복스홀 다리 중간에 멈춰서 붉은 철제 난간 너머를 바라보았다. 런던에 방문해 템스 강을 건널 때마다 나는 필연적으로 킨크스의 '워터루 선셋'을 흥얼거리게 되는데 오늘도 예외는 아니었다. 나는 더럽고 오래된 강 수면 위로 잠시 모습을 드러낸 가마우지를 발견했다. 가마우지는 카메라를 든 관광객으로 북적거리는 유람선이 근처에 있다는 사실을 깨닫고 다시 물속으로 뛰어들었다. 템스 강은 오랜 세월 수많은 방문객을 불러들였는데 그중에서 내가 맞이할 수 있었더라면 좋았을 사람이 한 명 있다. 런던 거리를 거닐 때면 나는 좁고 북적거리고 더러운 1638년의 거리를 상상한다. 그곳에는 전시 중인 기이한 새의 형상이 그려진 거대한 천막과 밖을 향해 활짝 열린 어두운 출입구가 있고, 단돈 몇 푼만 내면 천막 안으로 들어설 수 있다. 이 이야기는 하몬 르 스트레인지의 실제 목격담이다. 하몬은 천막에 그려진 '이상하게 생긴 바다새' 그림에 흥미가 생겨 동료와 함께 안으로 들어갔다. 하몬이 천막 안에서 마주한 새는 우리 안에 갇혀 있었고 회갈색에 칠면조보다도 컸지만 '통통하고 두툼했고 좀 더 직립 자세'를 하고 있었다. 하몬은 "주인이 그 새를 도도라고 불렀다"고 회상했는데 도도 관람이 충분히 주목을 끌지 못한다는 생각이 들면, 주인은 새의 장기 자랑을 선보였다. 돌무더기에서 작은 조약돌을 집어든 주인은 돌이 "소화를 도와줍니다"라고 설명하며 도도에게 돌을 먹였다.

　1600년대 초에 모리셔스는 유럽에서 동인도에 이르는 험난한 교역 길을 항해하는 네덜란드 동인도 회사의 연료 보급지로 변모했다. 도도는 지역특산품이었고 잡기도 수월했지만 사람들의 후기는 역겨움에서 훌륭함까지 다양했다. 그러나 도도 사냥이 도도의 멸종에 결정적인 영향을 미친 것은 아니다. 그 당시 모리셔스에 그렇게 많은 사람들이 들어오지는 않았기 때문이다.

　도도의 고향 섬 모리셔스는 수백만 년 동안 자연 그대로였기 때문에 몇몇 독특한 동물들만이 거주하는 빈약한 생태계로 발전했다. 모리셔스에는 포유류가 없었기에 포식자가 없었던 도도는 날개를 퇴화시키고 낮은 지대에서의 삶에 적응했다. 섬 생활에는 완벽하게 적합했으나 배를 타고 섬에 들어온 수많은 포유류에는 전혀 준비가 되지 않았던 것이다. 배를 타고 몰래 들어온 쥐는 어린 도도새를 잡아먹었고 나무에서 떨어진 과일을 두고 도도와 경쟁했다. 원숭이와 염소, 사슴, 개 역시 비슷한 파괴 효과를 일으켰다. 선원들이 식량 공급을 위해 돼지를 사육하는 일도 일상이었다. 선원들이 방목하듯 풀어 키운 식용 돼지의 개체 수는 급격히 증가했다. 이 돼지들이 과일과 도도의 알, 아기 새를 먹어치우면서 도도의 멸종에 주된 역할을 했던 것 같다.

· · ·

17세기 템스 강 남쪽에 있는 작은 마을 램버스에는 유명한 원예사 (아버지) 존 트라데스칸트와 (아들) 존 트라데스칸트 주니어가 사는 거대한 저택과 정원이 있었다. 그들은 왕족을 위해 일하며 세상을 여행했고 이국적인 식물과 신기하고 이상한 수많은 기념품을 가지고 집으로 돌아왔다. 그들은 램버스에 놀라운 수집품들을 갖다 놓고 사람들이 볼 수 있도록 공개했는데 이것이 바로 영

국의 첫 번째 대중 박물관이었다. 트라데스칸트의 방주(트라데스
칸트는 자신이 수집품을 모아놓은 저택을 방주라고 불렀다)는 전 세계 방
방곡곡에서 가져온 전시물로 가득했다. 뼈와 부리, 사체, 낯선 생
명체의 일부분, 박제한 아르마딜로부터 얼룩말 꼬리까지 있었다.
헨리 8세의 장갑과 조개껍데기로 뒤덮인 포카혼타스 아버지의
망토, 유니콘 뿔로 만든 잔, 터키식 칫솔도 있었다. 이 놀라운 보
물들 사이에 '모리셔스 섬의 도도, 너무 커서 날 수 없었음'이라고
적힌 한 전시물이 놓여 있었다. 이 도도의 표본은 어디에서 왔을
까? 하몬 르 스트레인지가 보았던 그 도도의 사체였을까? 아니면
런던에 있던 또 다른 도도였을까?

〔아들〕트라데스칸트는 1662년 4월에 세상을 떠났고, 아버지
와 함께 램버스 성 마리아 교회 묘지 근방의 화려한 전면 대리석
무덤에 묻혔다.

· · ·

트라데스칸트의 무덤에 관 뚜껑이 덮인 그 시기에 도도의 운명
역시 모리셔스 안에서 저물고 있었다. 1662년 2월에 인도네시아
에서 출발해 고국으로 향하던 네덜란드 동아시아 회사의 배 7척
은 인도양에서 격렬한 태풍을 만났다. 3척의 배는 흔적도 없이 사
라졌고 아른헴 호는 모리셔스 북동쪽의 암초에 부딪혀 파손당했

다. 난파된 배에서 탈출한 약 100명의 사람들은 남아 있는 배로 몰려들었다. 표류한 지 일주일 후인 2월 20일에 모리셔스 섬이 발견되었고 선원들은 안도의 한숨을 내쉬었다. 조난자 중 한 사람인 독일인 볼케르트 에베르트스젠의 기억에 따르면 사람들은 모리셔스에서 한 달가량을 보냈다고 한다. 그는 도도가 주요 섬에서는 나타나지 않았지만 낮은 조수를 헤치고 가야 하는 연안의 작은 섬에서는 도도가 발견되어 사냥했다고 회상했다. 많은 사람들이 1662년의 이 기록을 도도의 마지막 목격담으로 받아들였지만 이후에 탈출한 노예와 한 지구물리학자의 보고서에는 도도가 1680년대까지 살아있었을 것이라는 주장이 실리기도 했다.

1683년 3월, 모리셔스에서 사라진 도도는 램버스에서도 사라졌다. 골동품 수집가 엘리아스 애쉬몰은 원하는 것을 얻기 위해서는 양심도 버리는 사람이었다. 그리고 그가 원한 것은 트라데스칸트의 방주였다. 후계자가 없었던 (아들) 트라데스칸트는 당시 옥스퍼드 대학교와 거래 중이던 애쉬몰에게 방주를 증여했다고 알려져 있다. 애쉬몰은 트라데스칸트 방주에 전시된 수집품과 자신의 수집품을 모두 옥스퍼드에 기증하기로 했다. 단, 대학교 측에게 그의 소중한 전시물을 전시할 수 있는 적당한 건물을 세워주고 애쉬몰을 건물 이름에 넣어달라고 요구했다. 트라데스칸트 방주의 수집품과 도도는 거룻배를 타고 템스 강을 따라 서쪽으로 향했다.

· · ·

나는 이번에 옥스퍼드에 처음 방문했기 때문에 직접 그린 지도를 들고 길을 나섰다. 지도를 참고하여 길을 건너 좌우를 살피자 웅장한 기둥이 세워진 호화로운 로마 사원을 닮은 애시몰린 박물관이 눈에 들어왔다. 애쉬몰과 그의 자부심을 기리는 애시몰린 박물관은 1683년 3월에 개장해 트라데스칸트 도도의 새로운 집이 되었다.

(후에 사라진) 런던 도도의 발과 (아직까지 다른 박물관의 상자 안에 정체불명으로 숨겨진) 두개골 두 개를 제외하고 애시몰린의 표본은 모리셔스에서 가져온 유일한 도도의 유해다. 수십 년간 대중들이 표본을 찔러보고 쓰다듬으면서 빛이 바랜 깃털은 1755년에 관료주의라는 거대한 위협을 마주하게 되었다. 박물관 감독관이 상태가 악화된 도도새를 박물관의 불명예로 여겨 표본을 불 속에 던져 넣은 것이다. 하지만 시간에 딱 맞춰 우리의 영웅이 등장했다. 불에 타는 도도를 목격한 박물관의 보조 학예사가 안경을 벗어던지며 "안돼에에에에!" 하고 천둥 같은 고함을 지르더니 불꽃 속으로 굴러 들어갔다가 그을린 채로 도도의 머리와 발을 들고 모습을 드러냈다. 실제로 그런 극적인 일이 일어나지는 않았지만 출처가 불분명한 이 이야기는 마치 신화처럼 전해 내려오고 있다. 실상은 좀 더 현실적이다. 박물관 직원은 그저 닳아 해진 새

표본에서 남길 가치가 있다고 여겨지는 부분을 모두 분류한 뒤에
필요없는 나머지를 버렸을 뿐이다. 당시에는 이 표본의 중요성에
대해서 아무도 깨닫지 못했다. 사람들은 도도가 멸종했다는 사실
을 알지 못했기 때문이다. 사실 멸종이라는 개념은 아직 사람들
의 머릿속에 존재하지도 않았다. 조지 퀴비에가 파리에서 멸종이
라는 개념을 선언한 것은 그로부터 41년이나 지난 후였기 때문
이다.

· · ·

1800년대까지 남겨진 도도의 유해가 너무 적었기 때문에 사람들
은 도도가 어떤 종류의 동물인지 궁금해하기 시작했다. 알바트로
스에 가까울까? 아니면 독수리? 땅딸막한 타조? 깃털 달린 땅거
북은 아닐까? 심지어 실제로 이 동물이 존재했었는지 여부에 의
문을 가지는 사람들도 있었다. 그러던 중 1840년에 존 테오도르
라인하르트 교수는 코펜하겐의 왕립박물관에서 잡동사니들을
분석하던 중 도도의 두개골을 발견하고 식별한 후 과감하게 사실
은 도도가 거대한 비둘기였다고 선언했다. 하지만 당시에 이 발
상은 조롱을 받았다. 도도에 대한 호기심과 과학적 관심으로 이
엉뚱한 새에 대해 더 알고 싶다는 사람들의 아우성이 그칠 줄 몰
랐다. 그러던 중 1865년에 모리셔스에서 조지 클라크라는 한 교

사가 도도새 유해 더미를 발견했다. 클라크는 제자에게 현지의
한 습지에서 멸종한 거대 땅거북 뼈가 발견되었다는 이야기를 들
었다. 클라크는 그곳에서 어떤 멸종동물이 발견되었다면 다른 멸
종동물도 있을 수 있겠다는 판단을 내리고 늪지로 떠났다. 그는
땅주인에게 수색 허가를 받으면서 땅주인 농장에서 일하는 노동
자들도 함께 빌렸고 그들에게 허리까지 올라오는 검은 물속을 헤
치며 늪지의 진흙 속에 있는 뼈를 찾아달라고 지시했다. 열심히
뼈를 찾아다닌 노동자들은 도도 뼈 몇 개를 발견했고 후에 이어
진 발굴에서 추가로 훨씬 많은 뼈를 발견했다. 사실 부스 박물관
과 배틀에 있는 랄프의 대저택이 소장한 뼈를 포함해 전 세계에
전시된 대부분의 도도 뼈는 모리셔스 남동쪽의 도도 묘지, 마레

오 송스^{Mare aux Songes}에서 발견된 것들이다.

이 뼈들은 도도를 이해하게 해줄 귀중한 자료로 증명되어 조지 클라크에게 부를 안겨주었다. 그리고 최초로 도도 골격을 재건한 과학자에게도 확실한 명성과 영광을 안겨주었다. 원래 그 영광은 모리셔스에서 출발한 뼈 화물을 간절히 기다렸을 캠브리지대학교의 앨프레드 뉴턴에게 돌아갈 것이었지만 사악한 리처드 오웬이 가로채버렸다. 오웬은 뇌물과 협박을 통해 뼈를 갈취해 과학계에 도도의 재건된 골격을 최초로 완성해 발표했다는 환호를 받았다.

나는 또 다시 길을 나서서 10분을 걸었고 지금은 옥스퍼드대학교 자연사박물관의 인상적인 주 전시관에 서 있다. 나는 오웬 역시 이곳에 서 있길 원했으리라고 확신한다. 이곳에는 기둥마다 과학계의 거물들, 갈릴레오와 린네, 뉴턴, 아리스토텔레스, 다윈 등이 조각되어 보초처럼 서 있다. 경쟁자였던 다윈이 거물들 사이에 서 있는 것을 보았다면 오웬이 화를 내며 씩씩거렸을지도 모르겠다. 나는 길고도 기이한 여정을 거쳐 마지막 안식처인 이 박물관에 도착한 도도새의 나머지 부분을 만나러 왔다. 친절하게도 소장품 담당자인 아일린 웨스트위그가 비공식 견학을 허락해주었다. 아일린은 견학에 필요한 두 가지 필수 능력인 동물학에 대한 열정과 마라톤을 달릴 수 있는 능력을 보유하고 있었다. 우리는 주 전시홀에서 1분 정도 머물렀다가 액체로 가득 찬 유리관 안에서 두 마리 태즈마니아주머니늑대가 부유하며 떠 있는 유체 보관실을 향해 통로를 질주했다. 내가 아일린의 뒤를 열심히 쫓는 동안 그녀는 1860년에 박물관이 개장했고 애시몰린에서 온 자연사 표본 중 두 개의 소장품을 받아 전시실을 채웠다고 설명했다. 우리는 저장고를 향해 계속해서 위로, 위로 올라갔다. 그곳에서 나는 숨을 죽인 채 내가 사랑해 마지않는 월터 불러가 수집한 한 쌍의 후이아를 보았다. 최상층을 향해 더 높이 올라가면서 아일린은 박제 포유류 사이에서 크리스마스섬쥐를 소개해주었다. 자와 해 남쪽에 있는 인도양의 외딴 크리스마스 섬 고유종이며 1903년에 멸종된 이 쥐는 외부에서 유입된 곰쥐가 옮긴 질병에 걸려 모조리 죽었다. 크리스마스섬쥐에게 연민을 느끼기 시작할 때쯤 나는 갑각류의 방을 향해 갔다. 71번 수납함 안에는 비글호를 타고 항해를 떠났던 다윈이 수집한 게들이 놓여 있었다. 나는 다윈이 바위 아래로 손을 뻗었을 때 진화론자의 손가락을 덥석 물었을 집게발을 상상했다. 드디어 결승선까지 짧은 달리기를 마친 아일린이 선언했다. "이 벽장 안에는 트라데스칸트 방주에서 온 표본 중에 살아남은 표본들이 있어요."

· · ·

아일린이 벽장의 이중문을 열었을 때 나는 언뜻 무언가를 발견했고 내 심장 박동은 거칠어졌다. 그것은 회색 종이상자였다. 아일린은 선반을 채우고 있는 갖가지 트라데스칸트 전시물들을 열거했다. 모두 17세기에 램버스에 방문한 사람들에게는 외계 생명체처럼 느껴졌을 전시물이었다. "박제한 아르마딜로와 코끼리 꼬리, 혹멧돼지의 두개골 등이 있어요." 솔직히 나는 그녀의 말을 제대로 듣고 있지 않았기 때문에 이곳에 언약궤와 성배가 보관되어 있었다 해도 몰랐을 것이다. 나는 3번째 선반에 있는 회색 종이상자에서 눈을 떼지 못하고 있었다. 그리고 나는 상자 안에 무엇이 있는지 알고 있었다. 아일린이 마침내 그 상자를 향해 다가갔다. 아일린은 단단한 회색 상자를 작업대 위에 살며시 올려놓았다. 나는 너무 흥분한 나머지 불쑥 말했다. "저는 지금껏 이걸 보기 위해 살아왔어요." "음, 좀 특별한 소장품이긴 하죠." 아일린은 인정했다. "전 세계에서 유일하게 부드러운 조직이 남아 있는 도도니까요." 그녀는 뚜껑을 들어 올렸다. 그리고 그곳에 도도가 있었다. 나의 성물 중에서도 가장 성스러운 도도. 나는 책에서 천 번은 보았기에 도도의 얼굴을 어린 시절부터 잘 알고 있었지만 여기에 있는 도도에게는 살점이 있다. 쭈글쭈글하고 오래되고 딱딱한 살점이다.

상자 속 도도의 왼쪽 두개골은 맞춤 기포고무가 채워진 칸 안에 놓여 있다. 두개골의 오른쪽 면은 피부가 붙어 있지만 왼쪽 두개골에 있던 부드러운 조직은 오래 전에 벗겨졌다. 도도의 안면

상도 뼈와 나란히 놓여 있다. 놀라울 만큼 큰 왼발 뼈와 발에서 나온 피부조각, 눈에서 나온 피부 판이 있고 작고 가시 같은 깃털이 현미경 슬라이드에 올려져 있었다. 나는 시간과 공간을 넘어긴 여정을 지나온 갖가지 전시물들을 응시하면서, 이 독특한 새를 바라보았을 모든 사람들을 떠올렸다. 수세기 동안 이 뼈를 연구했을 과학자들과 박물관 방문객들, 애쉬몰, 트라데스칸트를 비롯해 어쩌면 하몬 르 스트레인지와 17세기에 모리셔스에 간 선원들, 모리셔스의 흑단나무 아래에서 도도를 움켜쥐었던 남자도 모두 도도새를 보고 눈이 휘둥그레질 만큼 놀랐을 것이다. 옥스퍼드의 도도는 길고 놀라운 역사를 가졌지만 최근에서야 우리는 도도의 숨겨진 비밀을 추가로 밝혀낼 기술을 발전시킬 수 있었다.

2002년 미토콘드리아 DNA 추출을 통해 우리는 남동아시아에 사는 무지갯빛의 화려한 니코바르비둘기가 살아 있는 도도의 가장 가까운 친척이라는 사실을 확인했다. 도도는 틀림없이 거대한 비둘기였던 것이다. 먼 과거에 도도의 조상은 바다 건너 이 섬 저 섬을 날아서 이동하다가 훗날 모리셔스로 불리게 될 신생 화산섬에 착륙했을 것이다. 여기서 그들은 모아와 마찬가지로 서서히 크고 날지 못하는 새로 진화해 포식자가 없는 섬의 삶에 완벽히 적응했다. 그러나 인간이 나타났고 한 세기만에 그들은 몰살당했다.

2018년에 연구자들은 진보한 컴퓨터 단층 촬영 기술을 이용해 도도가 먹이를 먹는 방법과 새의 혈통에 대한 이해를 돕기 위해 3D 디지털 복제본을 만들어 도도의 머리를 조사했다. 살인사건 공판을 위한 법의학적 증거를 제공한 단층 촬영기는 이제 또 다른 살해의 증거를 수집하기 위해 도입되었고, 오래전에 일어난 미해결 범죄의 수사가 재개되었다.

연구자들은 도도 머리의 촬영 영상에서 비정상적으로 밝은 부분을 다수 발견했다. 추가로 진행한 조사에서 이것이 피부와 두개골에 박혀 있던 지름 1밀리미터의 총알이라는 사실이 밝혀졌다. 도도는 머리 뒤에 총을 맞은 것이다. 이러한 폭로는 옥스퍼드 도도의 기원에 의문을 제기했다. 이 새가 하몬 르 스트레인지가 목격한 소규모 공연장에 있던 도도라면 어째서 총에 맞은 것일까? 탈출한 뒤에 광분한 채 런던 거리를 뛰어다니기라도 한 것일까? 아니면 모리셔스에 있는 동안 총에 맞았을까? 만약 그렇다면 어떻게 런던까지 바다를 건너는 긴 여정을 견디고 살아남을 수 있었을까?

나는 마지막으로 한참동안 도도를 바라보면서 몇 주 전에 브라이튼 시 중심가에서 어설프게 춤을 추던 도도 복장을 한 사람들을 떠올렸다. 복슬복슬한 오렌지색 도도 복장을 입은 그들은 지역에 새로 개장한 세계적인 도도피자 테이크아웃 전문점을 홍보하는 전단지를 나눠주고 있었다. 멸종한 새 도도는 우스꽝스러운 생명체, 너무 멍청해서 살아남지 못한 새로 다시 부활했다. 우리는 도도를 희화화하며 우리가 저지른 범죄를 외면하고 있다. 하지만 이곳에 서서 쭈글쭈글한 피부와 뼈다귀 조각을 바라보는 나는 마침내 도도 이야기의 본질을 깨달았다. 도도는 바다 한가운데에 있는 섬에 살던 아름다운 새였다. 그리고 우리는 그 새를 죽였다. 아일린은 다시 회색 종이상자의 뚜껑을 덮고 벽장에 돌려놓았다.

   박물관을 떠나기 전에 나는 기념품 가게에 들러 도도 봉제인형과 도도 열쇠고리를 구입했다. 그리고 계산을 하려고 줄을 서서 받침대 위에 서 있는 깃털 달린 새와 조립된 뼈대가 있는 박물관의 도도 진열장을 내다보았다. 1860년에 박물관이 문을 열었을 때 이 지역의 교사였던 찰스 도지슨은 아이들(로리나와 이디스, 앨리스)를 데리고 이곳에 왔을 것이다. 도지슨은 항상 박물관의 도도 전시물 앞에서 잠시 멈춰 섰을 것이다. 아마도 그는 말을 더듬는 습관 때문에 자기 이름을 "도, 도, 도지슨"이라고 발음했기 때문에 도도에게 친밀감을 느꼈을지도 모르겠다. 루이스 캐럴이라는 필명으로 쓴 소설《이상한 나라의 앨리스》에서 그는 토끼 굴 아래를 지나 어린 앨리스를 이상한 나라로 데려갔다. 이상한 나라에서는 지팡이를 들고 커프스를 찬 도도가 정신없는 '코커스 경주'의 선두를 달렸다. 앨리스가 도도에게 경주의 승패를 정하라고 하자 골똘히 생각한 도도는 이렇게 선언한다. "모두의 승리야. 그리고 모두가 상을 받아야 해."

　하지만 지구상의 생명체들에게 놀라운 다양성을 부여하는 생존을 위한 진화의 경주에서는 모두가 승자가 될 수 없다. 지금은 패자가 마지막 한 바퀴를 돌 차례다.

10장

Rucervus schomburgki

숀부르크사슴

숀부르크사슴 Rucervus schomburgki

회전목마가 돌아가자 경쾌한 축제 음악이 울려 퍼졌다. 회전목마를 탄 소녀가 아빠의 카메라를 향해 웃으며 손을 흔들었다. 소녀는 미끄러지듯 사라졌다가 여전히 웃는 얼굴로 모습을 드러냈다. 근처 벤치에서 이 행복한 장면을 바라보고 있던 나는 초콜릿 아이스크림을 먹으며 세상의 종말에 대해 생각하고 있었다.

나는 한 시간 전에 파리 북역에 도착했고 내가 파리에서 가장 옷을 많이 껴입은 남자라는 사실을 깨달았다. 2월의 아침이라고 하기에는 더워도 너무 더웠다. 나는 얼른 무거운 겨울 코트를 벗어버렸고 공원을 한 시간 걸은 뒤에는 점퍼도 벗었다. 계절에 맞지 않은 더위에 깨어난 붉은제독나비 한 마리가 벤치 주위를 맴돌았고 나는 한 겨울임에도 여름이 온 듯 혼란스러웠다. 웃통을 벗은 두 명의 파리 남자가 자전거를 타고 지나갔다. 후대에 프랑스에서 가장 더운 2월로 기록될 만한 날씨였다.

내 눈앞에서 돌아가고 있는 기이한 놀이기구는 계절에 맞지 않은 이 장면을 더욱 비현실적으로 만들었다. 전통적인 회전목마라면 손으로 칠한 말들이 오르락내리락하고 있겠지만 여기에는 말 대신 멸종했거나 거의 멸종한 생명체들의 행렬이 빙글빙글 돌고 있었다. 아이들은 녹색 트리케라톱스(6,600만 년 전에 멸종)와 기린을 닮은 시바테리움(100만 년 전에 멸종)에 매달려 있다. 에피오르니스와 마다가스카르의 거대 코끼리새(약 1천 년 전에 멸종), 도도(350년 전에 멸종), 태즈마니아주머니늑대(85년 전에 멸종)도 있었다. 웃고 있는 소녀가 올라탄 코끼리를 비롯해, 우주를 돌면서 빠른 속도로 망가져가고 있는 지구에서 간신히 살아가고 있는 멸종 위기종의 대표주자인 판다와 고릴라도 있다. 매표소 위에 그려진 도도가 줄무늬 빨대로 밀크쉐이크를 마시며 멸종동물의 기마 행렬을 바라보고 있었다. 죽음과 멸종이 떠올리게 하는 우울한 분위기와는 대조적인 웃음소리와 밝은 불빛, 경쾌한 음악 소리가 모두 섞인 이곳에서 나는 최면에 걸린 듯한 기분이 들었다. 나는 아이스크림이 녹는 것도 모르고 기묘한 도취 상태에 빠져 있었다.

1992년에 개장한 '도도 회전목마'는 파리 식물원에서 명소로 손꼽힌다. 센 강의 왼편에 자리한 파리 식물원은 약 3만 평의 공원과 정원으로 이루어져 있다. 원래는 1629년 루이 13세가 약초를 키우기 위해 만들었지만 식물 정원과 관련 실험실, 소장품으로 유럽의 선두 과학 시설로 자리매김했다. 1790년대에 프랑스 혁명이 끝난 직후 프랑스는 베르사유에 있는 왕실 소유의 동물원에서 동물들을 해방시키고 이곳에 세계에서 두 번째로 오래된 동물원을 세웠다. 과학자들이 연구를 위해 식물원을 찾는 동안 파리 사람들은 동물원을 찾아 코끼리와 사자, 기린을 비롯한 이국적인 생명체들을 보고 감탄했다. 특히 1860년대에는 아주 신비로운 동물이 이곳 파리 식물원에 살고 있었다. 현재는 태국으로 알려진 시암Siam에서 온 사슴이었다.

특별히 독특한 생김새를 가진 사슴은 아니었다. 이 사슴은 우리가 거대한 수컷 사슴에게 기대할 만한 표준적인 특징을 명확하게 보유하고 있었을 뿐이다. 바로 인상적인 사슴뿔 한 쌍이었다. 사슴의 기다란 사슴뿔은 가지가 많았고 바구니와 비슷한 모양으로 보일 만큼 구부러지고 갈라지는 방식이 독특했다. 1863년에 영국의 박물학자 에드워드 블리스는 빅토리아 여왕이 선물로 받은 비슷한 사슴뿔 한 쌍을 조사했고 그 뿔의 주인이 완전히 새로운 사슴종이라고 발표했다. 블리스는 새로운 동물의 이름을 "자신의 저명한 친구이자 시암을 담당한 여왕 폐하의 대리인 로버트 손부르크에 대한 찬사를 담아" 손부르크사슴이라고 지었다.

살아 있는 사슴은 이미 시암의 사냥꾼들에게 잡혀 유럽의 동물원에 소장품으로 수입된 후였다. 이곳 파리 식물원에서 살았던 수사슴은 공식적으로 종이 밝혀지기 1년 전인 1862년에 도착했고 또 한 마리는 좀 더 이른 1860년에 방콕에서 함부르크에 있는 동물원으로 이동했다. 1897년에 쾰른에 도착한 개체는 야생성이 심해서 '통제할 수 없는 야만적인 성질' 때문에 결국 안락사시켜야만 했다. 1899~1911년에 베를린 동물원에 살았던 손부르크사슴 수컷은 카메라에 찍혔고 유일한 살아 있는 손부르크사슴 사진으로 남았다.

유럽의 동물원 방문객 수천 명이 손부르크사슴을 관람했음에도 유럽인이 야생에서 사슴을 보았다는 기록은 거의 없다. 아직도 이 사슴의 정확한 행방과 습성은 수수께끼로 남아 있다. 1918년에《시암 자연사 학회 학술지》는 손부르크사슴이 "멸종하기 직전"이라고 알리며 "완전한 기록이 이루어지기 전에 사슴이 과학계에서 사라진다면 무척 애석한 일일 것이다"라고 했다.

R. 피곳R. Pigot은 회고록《투엔티-파이브 이어스 빅 게임 헌팅 Twenty-five Years Big Game Hunting》에서 사냥으로 잡은 히말라야 불곰과 인도 정글의 호랑이를 자랑했고, 1928년에는 손부르크사슴의 사진과 라이플을 들고 시암으로 여행을 떠났다. 대부분의 사냥꾼들이 약용을 목적으로 사슴뿔을 얻기 위해 사슴을 사냥했기 때문에 피곳은 실마리를 찾기 위해 시장을 샅샅이 뒤져 중국인 치료사에게 정보를 얻었지만 허탕이었다. 이상하게도 손부르크사슴의 뿔은 4년 전부터 방콕의 시장에서 더 이상 나타나지 않은 듯했다. 피곳은 실력 있는 시암의 사냥꾼을 만났는데 손부르크사슴 사진을 본 사냥꾼은 사슴을 찾을 수 있는 장소를 알고 있다고 했다. 나무로 만든 투창으로 교목림에서 손부르크사슴을 사냥했다고 주장한 카탐방 산 부족들이 이전에 남긴 기록과도 일치했다. 피곳은 시암의 프랑스 영토 동쪽에서는 손부르크사슴이 너무 흔해서 뿔을 모자걸이로 사용할 정도라는 소문도 들을 수 있었다. 하지만 피곳이 발견한 것이라곤 시암의 다른 사슴종뿐이었다. 그는 "확실하게 이 동물이 더 이상 존재하지 않는다고 말할 준비는 되지 않았지만 완전히는 아니더라도 실질적으로 사슴이 멸종했

을 것이라고 의심한다"라고 결론 내렸다.

손부르크사슴은 한때 태국 중부의 거대한 초원 습지에서 발견
되었다. 사슴은 이곳에서 '왕의 강'이라는 짜오프라야 강을 따라
이따금씩 코끼리와 함께 소규모 무리를 지어 풀을 뜯었을 것이
다. 짜오프라야 강은 방콕의 타이 만으로 이어지는 거의 400킬로
미터 길이의 강이다. 우기가 다가오면 거대한 강은 초원으로 범
람하고 사슴을 비롯한 동물들은 잠기지 않은 초원의 섬으로 고립
된다. 이때 통나무배를 저어서, 혹은 물소를 타고 사냥꾼들이 나
타난다. 머리에 사슴뿔을 달아 사냥감과 비슷하게 변장한 사냥꾼
들은 안개 낀 습지에서 올라와 몽둥이와 창을 들고 사슴에게 살
금살금 다가가 사냥을 했을 것이다.

그러나 사슴에게 가장 큰 위협은 사냥꾼이 아니었다. 1855년
부터 시암은 다른 국가들과 교역을 허가하는 조약에 서명하기 시
작했다. 원래는 지역 사람들에게만 공급했던 쌀을 이제 세계에
공급하기 위해 경작해야 했다. 20세기 초부터는 농사가 가능한
거의 모든 습지와 초원이 경작지로 탈바꿈했다. 새로 건설된 철
로는 점점 더 많은 사람들을 깊은 시골지역 곳곳으로 불러들였고
손부르크사슴은 점점 더 깊은 숲속으로 밀려났다. 사슴은 굉장히
민첩하고 경계심이 많았지만 개방된 습지 평원에서 살아가기에
최적화되었기 때문에 나무 사이에서는 살아가기가 힘들었다. 수
사슴이 자랑하던 커다란 뿔은 이제 움직임에 방해물일 뿐이었다.

한밤중에 머리에 모자걸이를 묶고 빽빽한 숲속에서 포식자를 피해 도망친다고 상상해보라.

마지막 야생 개체는 1932년 9월에 쾌노이와 쾌야이 강 근처에 있는 숲에서 총에 맞았다. 그러나 마지막으로 알려진 손부르크사슴은 방콕에서 남서쪽으로 29킬로미터 떨어진 마하차이의 사원에서 애완동물로 키우고 있던 수사슴이었다. 사원은 사슴에게 작은 노란 예복 조각을 입히고 목에는 조그마한 종을 단 채 사원 주변과 거리 시장을 걸어다닐 수 있도록 풀어두었다. 1938년의 어느 날 저녁, 사슴은 술에 취한 한 남성의 몽둥이에 맞아 죽었다. 위엄 있는 손부르크사슴의 무의미하고 잔혹한 결말이었다.

손부르크사슴은 현재 뿔 수천 개가 전 세계의 박물관 소장품으로 남아 있는데 모두가 관심을 가질 만한 뿔 한 쌍이 있다. 1991년 2월에 유엔의 한 농업학자는 라오스 북부 퐁살리 지역에 있는 한 가게에 전시된 손부르크사슴 뿔 사진을 찍었다. 갓 채취한 상태로 보이는 뿔이었다.

2019년에 출간된 연구 결과에서 연구자 G.B. 슈레링과 게리 J. 갈브레스는 이 엄청난 발견과 관련된 세부 내용을 조사하기 시작했고 핵심 목격자와 연락을 취했다. 처음에 사슴뿔을 취득한 사람은 장거리 트럭 운전자였다. 트럭운전자는 라오스 중부에서 남쪽으로 수백 킬로미터 떨어진 캄커트에서 사슴뿔을 얻었다고 밝혔으며 사슴은 확실히 살아 있었다고 말했다. 유엔 농업학자의

사진 분석 결과가 그의 주장을 뒷받침했다. 연구자들은 여러 가지 증거 중에서도 뿔이 두개골에서 절개된 뿌리 부분인 '육경'의 상태를 강조했다. "피가 아직도 붉어요." 갈브레스는 말했다. "피는 시간이 지나면 검게 변합니다. 열대지방에서는 단 몇 달만 지나도 뿔이 이런 상태를 유지할 수 없을 거예요."

   피 묻은 사슴뿔은 손부르크사슴이 야생에서 마지막으로 목격된 후 거의 60년 후인 1990년대까지도 소규모 잔존집단을 이루며 라오스 중부와 남부에서 살아 있었음을 증명한다. 1990년대 초에 다른 시장에서 손부르크사슴 뿔이 판매되었다는 보고도 있었다. 덥고 습한 라오스의 정글에서 수십 년간 사람을 피해 숨어 살았고 베트남 전쟁의 집중적인 융단폭격까지 견뎌낸 사슴 무리가 한 세기의 끝자락에 사냥꾼에게 발견되어 몰살당하고 만 것일까?

· · ·

발 밑에 자갈이 밟힌다. 나는 2월의 더위 속에서 파리 식물원의 잘 정돈된 길과 꽃밭을 지나 정원의 서쪽 끝자락에 있는 인상적인 건물로 향했다. 1889년에 대중에게 공개된 동물학 전시관은 백만 가지 이상의 자연사 표본을 전시했다. 그러나 1944년에 프랑스가 독일군으로부터 해방되었을 무렵 건물이 파손되었고, 제

2차 세계대전이 이어지며 수집품 유지와 건물 수리에 어려움을 겪었던 박물관은 1966년에 문을 닫았다. 현재 박물관 건물과 그 전시물들은 보수와 복원을 거쳐 혁명 대진화관으로 이름을 바꾸었다.

프랑스 혁명 대진화관의 뻥 뚫린 중심부에 있는 거대한 전시홀은 마치 동굴 같았다. 나는 유리 승강기를 타고 거대한 공간을 둘러싼 금속 소재의 발코니 꼭대기로 갔다. 이곳에 서니 나보다 한참 아래에 있는 코끼리와 기린을 비롯한 아프리카 포유류의 행렬이 왜소하게 보인다. 높이 달린 채광창 아래 펼쳐진 1천 제곱미터 공간에 흐릿한 조명과 영상, 은은한 소리 효과가 우레와 같은 폭풍우를 재현한다. 나는 구석에 숨겨지듯 서 있는 거대한 흰긴수염고래 골격을 발견하기까지 10분이 걸렸다. 나는 부족한 프랑스어 능력을 활용해 표 구매에 성공했지만 꼭대기 층에 도착해서야 내가 들고 있는 안내서가 독일어라는 사실을 깨달았다. 나는 박물관의 이야기 속에서 길을 잃은 것처럼 굉장히 혼란스러운 상태에 빠져 있던 중 간절히 바라던 공간을 우연히 발견했다. 박물관 주 전시관 근처에 숨겨져 있다시피 한 멸종동물과 멸종위기종 전시관이었다(물론 안내서에는 독일어로 자세히 적혀 있었다).

이 전시실에 방문한다는 생각에 수개월 전부터 들떴던 나는 화려하게 장식된 놋쇠 손잡이를 잡기 전에 잠시 멈춰서 마음을 진정시킨 후 무거운 문을 반쯤 열고 안으로 들어갔다. 그러자 모든 것이 달라졌다. 색다른 배경음악이나 특별한 효과는 없다. 동쪽 벽 위에 높이 달린 유일한 창문은 표본에 해로운 태양광을 막기 위해 블라인드로 가려져 있었다. 태양광 대신에 길고 좁은 전시실의 상당 부분을 광섬유로 된 조명이 채우고 있었다. 전시장 안에서 수백 가지 표본들은 광섬유 조명에서 나오는 최소한의 불빛으로 빛나고 있었다. 동물학 전시관 시절부터 존재해온 이 공간은 조각된 나무 판과 높은 아치형 천장으로 예배당과 같은 분위기를 자아내며 존경과 숭배를 이끌어낸다. 적막 속에서 발을 내딛자 광을 낸 마룻바닥에 내딛는 모든 걸음걸음이 전시실 전체에 울리는 듯했다.

방 중앙에 단독으로 서 있는 팔각 유리 진열장 안에는 세계에서 유일하게 완전한 손부르크사슴 표본이 있다. 위엄 있고 우아하며 기이하다는 느낌마저 들게 한다. 전시실의 어둠 속에 사슴을 밝히며 에워싼 작고 밝은 집중 조명이 유리판에 반사되어 마치 별 무리 사이에 서 있는 듯 사슴을 반짝이게 했다. 1862년에 파리에 도착해 1868년에 사망하기 전까지 파리 식물원에 살던 바로 그 손부르크사슴이었다. 몸체가 감탄스러울 만큼 잘 보존되어 고정되어 있었다. 드넓은 시암의 초원에서 무리와 떨어져 전혀 다른 세상에 갇혀 있다가 홀로 맞이한 죽음만으로도 이 우아한 동물에게는 비극적인 결말이었겠지만 사슴의 운명은 사실 지금보다 훨씬 더 불행해질 수도 있었다. 사슴이 죽고 2년 뒤 파리

포위전이 일어났을 때 자포자기한 파리사람들은 동물원의 동물
들을 잡아먹기 위해 도살했다. 사슴과 야크, 낙타, 캥거루 등이 가
장 먼저 먹힌 동물들이었다. 심지어 동물원에서 많은 사랑을 받
은 코끼리들(카스토르와 폴리데우케스)도 총에 맞아 식탁에 올랐다.
우리는 유일무이한 손부르크사슴종이 얼룩말과 함께 식탁 위에
올라가지 않은 것을 다행으로 여겨야 할지도 모르겠다. 손부르크
사슴 진열장을 돌아보고 있을 때 한 가족이 전시실 끝에 있는 문
으로 불쑥 들어왔다. 불빛과 웃음소리가 전시실 안에 크게 울리
자 이 가족은 초대받지 못한 장례식에 온 듯한 어색한 기운을 느
꼈는지 멈칫하며 얼어붙었다. 아버지는 가족들을 재촉해 문을 통
해 되돌아 나갔고 나는 다시 정적과 침묵 속에 홀로 남겨졌다.

　나는 손부르크사슴과 잠시 시간을 가진 뒤 진열장을 하나하나
보며 걸어갔다. 한 진열장에는 납작하고 빛이 바랜 꽃들이 압지
에 눌려 있었다. 열정이 지나쳤던 식물 수집가와 석회석 서식지
의 채석 작업으로 인해 1930년에 멸종한 프랑스 고유종인 크라
이제비꽃이었다. 2019년에 식물학자들은 1750년부터 571종의
식물이 멸종했다고 선언하며 심지어 이 수치가 과소평가되었을
수 있다고 덧붙였다. 이 수치는 자연적으로 일어날 수 있는 멸종
수치의 500배에 해당한다. 안장등로드리게스거대땅거북과 레위
니옹거대땅거북은 약 1800년경에 멸종했다. (불타버린 숲과 사냥
으로 1827년에 멸종한) 세상에 유일하게 남겨진 캥거루섬에뮤의 두

개골이 집중 조명 안에서 목을 빼고 서 있다. 나는 전시실 안을 천천히 이동하다가 잠시 멈추고 그곳에 있는 모든 진열장에 경의를 표했다.

툴라키왈라비(1939년경에 멸종), 동부토끼왈라비(1889년에 멸종),

넓은얼굴포토루(1875년경에 멸종),

캐롤라이나앵무(1910년경 멸종), 하와이오오(1902년 멸종),

오하우오오(1837년 멸종),

뉴질랜드메추라기(1870년경 멸종), 남섬피오피오지빠귀(1900년경 멸종),

나그네비둘기(1914년 멸종), 태즈마니아주머니늑대(1936년 멸종).

이 전시실에 있는 큰바다쇠오리는 특이하게도 대부분의 표본이 채취된 아이슬란드의 엘데이 섬(1844년에 마지막 한 쌍이 죽은 곳)이 아니라 스코틀랜드에서 1832년에 수집되었다. 한때는 위풍당당한 개체 수를 자랑했던 바다새에게 자행된 무자비한 도살은 아직도 간담을 서늘하게 한다. 나는 위쪽을 올려다보며 그로부터 한 세기 후인 1944년에 우리 종족 8천만 명을 쓸어버린 전쟁 중에 박물관 지붕에 쏟아진 폭격을 떠올렸다. 인간의 무분별한 파괴 능력을 절대 과소평가해선 안 된다.

사라졌거나 사라지고 있는 진열장 안의 나비와 딱정벌레, 말벌, 잠자리 표본 사이에 아마 캘리포니아 골드러시 시대에 피에

르 로르퀸이 파리로 발송했을 서세스블루 한 쌍이 핀에 꽂혀 있다. 2019년에 학술지《바이올로지컬 컨서베이션》은 곤충종 가운데 40퍼센트가 앞으로 수십 년 안에 멸종될 위기에 처해 있다고 발표했다. 또 다른 최신 보고서는 종의 멸종뿐만 아니라 곤충 존재량 자체가 줄어들고 있다고 강조하며 이러한 개체 수 감소가 생태계 전체를 무너트릴 수도 있다고 경고했다.

그리고 여기에 나의 아름다운 후이아가 당연한 듯 한 쌍으로서 있다. 후이아의 노래가 아직도 메아리칠 듯한 적막한 뉴질랜드 숲에 방문한 후에 지금 후이아를 보니 왠지 더 슬프게 느껴진다. 나는 후이아를 볼 수 있는 기회를 빼앗긴 듯한 기분이 들어 2012년에 데니버크의 작은 박물관에서 수컷 후이아 꼬리 깃털을 훔쳤던 도둑을 떠올렸다. 2020년 7월에 박물관의 후이아 진열장은 한 번 더 망가졌고 이번엔 도둑이 암컷 후이아를 통째로 꺼내 훔쳐갔다.

나는 독특하게 부리처럼 튀어나온 스텔러바다소의 웅장한 두개골을 바로 알아보았다. 이 거대한 생명체를 떠올릴 때면 나는 늘 나의 영웅 게오르크 스텔러가 생각난다. 나는 내가 왜 스텔러에게 친밀함을 느끼는지 깨달았다. 내게도 그처럼 지성과 연민, 용감함이 있다고 주장하려는 게 아니라 그의 이야기를 읽는 내내 그와 같이 분명한 절망을 느꼈다는 뜻이다. 베드로 호에 갇힌 스텔러는 몇 번이고 과학적 관찰력을 발휘해 위험을 향해 돌진하는

선원들에게 경고를 했지만 무시당했고 때는 너무 늦어버렸다. 최
근에 나는 과학자들이 인간에게 위험을 경고하는 행성에 갇힌 듯
한 기분이 든다. 우리 행성은 환경 재해를 목전에 두고 있지만 우
리의 항로를 바꿀 수 있는 통치자들은 그 경고를 무시하고 계속
해서 나아가고 있다.

　나는 스텔러가 이곳 파리 식물원에서 환영받았으리라고 생각
한다. 이곳은 저명한 박물학자들인 부폰과 라마르크를 비롯해
1796년에 멸종이라는 개념을 폭로한 퀴비에의 고향이다. 퀴비에
는 멸종의 개념을 폭로하는 것에서 멈추지 않았다. 1812년 그는
멸종의 원인을 설명하려 했다. 그는 사라진 생명체들은 지구상에
서 살아 있는 유기체들을 무수히 몰살시킨 엄청난 재앙, 혹은 갑
작스러운 '지구 혁명'의 희생자였다고 주장했다. 현재 과학자들
은 이전에 발생한 다섯 번의 대멸종을 인지하고 있다. 가장 마지
막에 일어난 멸종은 소행성이 지구로 충돌한 6,600만 년 전으로
지구상의 생명체 중 75퍼센트가 사라졌다. 이때 멸종된 종 가운
데 공룡이 있었고, 이는 포유류들이 고대하던 결정적인 기회를
제공했다.

　2019년 3월 6일에 유엔의 과학자들은 파리에 모여 생물의 다
양성에 대한 국제적 연구 결과를 발표했다. 그들은 세계에 존재
한다고 추산되는 800만 종 중에 현재 100만 종이 멸종을 앞두고
있으며 많은 경우 수십 년 내로 멸종할 것이라고 결론지었다. 이

는 지난 1천만 년 동안의 평균치보다 수십에서 수백 배 이상 증가한 수치이며 지금도 가속화되고 있다. 멸종의 원동력은 육지와 바다 사용 방법의 변화, 사냥, 밀렵, 기후변화, 오염, 외래종의 침투 등이다. 지구상에 존재하는 종의 40퍼센트가 2070년이 되기 전에 사라질 것이라는 또 다른 좀 더 극단적인 추정도 제기되고 있다. 2070년은 퀴비에의 탄생 250년 후다. 그가 만약 현재로 돌아온다면 생명체에게 대멸종을 일으킬 다음 재앙이 일어날 위치를 찾는 데 오랜 시간이 걸리지 않았을 것이다. 우리는 이미 그곳에 있다.

· · ·

전시실로 가는 길에 나는 이 공간에 어울리지 않는 한 전시물을 외면했지만 이제는 직면할 차례가 되었다. 바로 시계다. 1745년에 마리 앙투아네트를 위해 설계하고 만든 이 사치스러운 시계는 똑딱거리며 돌아가는 황금 톱니바퀴가 천박한 탐욕과 오만을 찬양하는 듯하다. 진정한 아름다움과 장엄함을 뽐내며 진열장 안에 고요히 자리한 다른 전시물들과는 대조적인 모습이다. 나는 이 시계의 존재가 이 공간에 대한 거만한 침입이라고 생각한다.

화려하게 장식된 시계 숫자판의 시간은 부스 박물관의 망가진 시계와 같이 12시 3분 전이다. 이 공간을 대표하는 멸종동물의 시간은 사람에 의해 멈추었다. 이곳에 전시 중인 다른 종들의 시계는 아직 똑딱거리고 있지만 시간이 얼마 남지 않았다. 전시실의 고릴라와 독수리, 호랑이, 알바트로스, 오랑우탄을 비롯한 100여 종의 동물을 바라보다보면 불행히도 지친 박물관 학예사가 동물에 붙어 있는 '멸종 위기'라는 이름표를 '멸종'이라는 이름표로 교체하는 미래를 상상하기가 그리 어렵지 않다. 갑자기 이 전시실이 빛과 온기, 희망이 전혀 없는 억압된 곳으로 느껴졌다. 하지만 아직 우리에게는 희망이 있다. 아마도 그것이 시계의 남은 3분이 의미하는 바가 아닐까 한다. 우리가 입힌 피해를 되돌리고 예측 가능한 멸종을 막을 행동을 실행할 시간이 아직 남았다는 희망 말이다. 물론 이 모든 예상 중 유일하게 확실한 것이라 곤 시간이 우리를 기다려주지 않는다는 사실뿐이다.

똑딱. 12시 2분 전이다. 우리는 이제 실행해야 한다. 문제의 원인에 일조할지, 아니면 해결할지 결정해야 한다. (마리 앙투아네트는 분명 원하지 않겠지만) 우리에게는 혁명과 변화가 필요하다.

똑딱. 12시 1분 전이다. 비난하는 소리가 내 머릿속을 채운다. '그러는 너는 어때?' 나는 유리 진열장에 반사된 내 모습을 바라봤다. 그곳에는 지구 반대편으로 날아갔다가 돌아와 변화가 필요하다고 깨달은 남자가 서 있었다.

똑딱. 12시 정각이다. 톱니바퀴가 윙윙거리며 움직인다. 좌우로 흔들리는 시계 종이 만든 불협화음의 종소리가 전시실 전체에 울려 퍼지며 이 공간을 차지하고 있던 고요함을 밀어냈다. 나는 이 소란스러움에서 탈출하여 멸종동물들이 기다리는 안식처로 되돌아갔다. 그러나 현재 내가 볼 수 있는 것이라곤 뼈와 깃털, 모피, 세계의 멸종동물의 슬픈 유해 그리고 우리가 지구에 입힌 피해의 증거인 박제품뿐이다. 이곳을 벗어나고 싶어졌다. 나는 출구를 향해 되돌아 나와 놋쇠 손잡이로 손을 뻗은 뒤 문을 활짝 열어젖혔다.

● ● ●

다음 공간으로 들어간 나는 거대한 창문에 비친 한낮의 태양에
잠시 눈이 멀었다. 나는 내 앞에 서 있는 햇빛 속에 실루엣으로만
보이는 형상을 간신히 알아보았다. 빛에 익숙해져 시력이 돌아오
자 나는 이 공간 전체를 헌정받은 또 다른 멸종동물의 익숙한 형
상을 확인했다. 그것은 도도였다. 이 도도는 특별하다. 실제 크기
의 도도 복제품은 박물관에 있는 모든 도도 표본 중에서도 핵심
적인 전시물이다. 단 위에서 빛나는 거대한 새는 영웅처럼 위엄
있게 서 있다. 도도는 우리가 잃어버렸고 잃어버릴 예정인 모든
것들의 화신이다. 도도는 근엄하고 비난하는 듯한 눈빛을 내게
고정하고는 길고 구부러진 부리 너머로 나를 노려보았다.

  멸종이라는 비극 한 가운데에서 도도는 우리 모두에게 최후의
질문을 던진다. "당신의 역할은 무엇인가?"

11장

Edwardsia ivelli

이벨의말미잘

이벨의말미잘Edwardsia ivelli

"당신 책이 무슨 내용이라고 했죠? 멸종 동물 이야기였나요?" 옥스퍼드대학교 자연사박물관의 소장품 관리자인 마크 카널이 책상을 밀어 회전의자를 돌린 뒤 사무실 선반 위에 쌓여 있는 상자들과 책을 둘러보았다. 마크가 나에게 멸종한 브라인슈림프와 폴리네시아육지달팽이에 대해 이야기하고 있을 때 나는 40년 전에 사라진 생물에 눈길을 주고 있었다. 마크의 책상 위, 두족류 동물 책과 스테이플러 사이에 놓인 백색 섬유질 한 가닥이 놓인 현미경 슬라이드였다. 손으로 쓴 오래된 이름표에는 옅은 색 털 주인의 이름이 적혀 있었다. 바로 '예티'다. 그 아래에는 '네팔, 쿰중, 오스만 힐'이라는 글씨가 더 작게 적혀 있었다. 아주 오래전 나에게서 사라진 북슬북슬한 수수께끼의 원시 인류에 대한 믿음이 부활할 징조였을까?

월리엄 오스만 힐 박사는 1930년부터 1975년에 사망할 때까지 세계를 선도하는 영장류학자로 이름을 날렸다. 그는 리처드 오웬이 한 세기 전에 보유하고 있던 런던 동물학 학회의 성공한 해부학자라는 지위를 마지막으로 누린 사람이었다. 그런데 오스만 힐은 1950년대에 두발로 걷는 거대 영장류가 히말라야 산 높은 곳에 숨어 있을지도 모른다는 가능성에 마음을 빼앗겼고 머리카락과 털, 피부, 심지어 손가락 미라까지 예티의 일부라고 알려진 소장품들을 모으기 시작했다. 이 유적들 중에 과학적 정밀조사를 거쳐 예티가 존재한다는 결정적인 증거로 밝혀진 것은 하나

도 없었다. 하지만 그리 멀지 않은 과거에 저명한 동물학자마저
도 이 세상이 아직도 괴물들을 숨길 수 있을 만큼 충분히 크다고
믿었던 시기가 있었다는 증거로 남았다. 마크는 내게 오스만 힐
에 대한 이야기를 이어가며 슬라이드를 건넸다. 나는 슬라이드를
들어 햇빛에 비추고 실눈을 뜬 채 털 한 가닥을 바라보았다. 그러
자 내 어린 시절의 믿음에 대한 보상을 받았다는 생각에 웃음이
나왔다. 나는 나의 예티를 찾았다. 그러나 내가 옥스퍼드로 온 이
유는 따로 있다. 나는 훨씬 덜 무시무시한 무언가를 찾아 이곳에
왔다.

   몇 주 전에 나는 근처 마트로 가는 수요일 저녁의 따분한 탐험
도중 살짝 길을 돌아갔다. 석양에 날개를 활짝 펼친 가마우지들
의 철탑을 지난 뒤에 나는 왼쪽이 아닌 오른쪽으로 방향을 틀었
고 몇 분 뒤에 와이드워터 석호 자연보호구역에 섰다. 자갈밭 땅
으로 인해 바다에서 분리된 1킬로미터 길이의 염호 한 줄기가 주
차장과 빽빽이 늘어선 현대식 주택 사이에 끼인 채로 육지에 둘
러싸여 있었다. 나는 매주 이 근처로 차를 운전해 나오지만 이곳
에 방문해본 적이 없었다. 나는 차를 주차하고 얕은 석호를 응시
하며 서 있었다. 수개월간 사라진 종들의 마지막 안식처를 찾아
전 세계의 외딴 지역을 조사한 뒤에야 나는 한 멸종동물의 마지
막 소재지가 우리 집에서 단 10분 거리에 있는 와이드워터 석호
였다는 사실을 알고 충격을 받았다. 나는 석호의 야생동물군에

대한 그림 설명이 포함된 빛 바랜 알림판을 살펴보았다. 왜가리와 섭금류, 오리 사이에서 기이하게 생긴 생명체가 갯벌 위에 늘어져 있다. 회색의 관 모양인 그 생명체는 어떤 동물의 소장의 일부, 혹은 한쪽 끝이 삐져나온 아주 긴 양말에 뻣뻣한 촉수가 달린 모양을 하고 있었다. 이름표에는 '이벨의말미잘Edwardsia ivelli'이라고 적혀 있었다.

1973년 9월에 리처드 마누엘은 흥미로운 소포를 받았다. 나는 잘게 찢어진 포장종이의 눈보라 속에서 신이 난 크리스마스의 어린아이처럼 선물을 뜯었을 그를 흐뭇하게 상상해본다. 아이들이라면 바닷물이 담긴 용기 안에서 부유하는 말미잘 20마리를 선물로 받았다면 실망했겠지만, 영국의 산호류(말미잘과 산호) 전문가인 마누엘은 달 위를 걷는 기분이었을 것이라고 확신한다. 그것은 학생인 리처드 이벨이 보낸 말미잘 표본이었다. 이벨은 석사논문을 위한 연구로 와이드워터 석호 조사를 수행하던 중에 정체를 알 수 없는 독특한 말미잘을 발견했다. 이벨은 물론이고 마누엘도 당황했다. 마누엘은 일부 말미잘은 절개해 조사했고, 운이 좋은 한 마리는 1년 간 바닷물과 진흙을 담은 사발에 심어 행동을 관찰하고 기록했다. 정체를 알 수 없는 이벨의 말미잘은 부드러운 진흙 속에 파고들어 살았고 눈에 보이는 부분이라곤 미색에 가까운 흰색과 오렌지색 점이 무수히 박힌 12개의 반투명한 촉수 끝 부분뿐이었다. 이 촉수 중 9개는 침전물 표면에 납작하게 퍼져 있었고, 남은 3개는 바닷물 속 먹이를 입으로 쓸어 담기 위해 수직으로 솟아 있었다. 위험을 감지하면 긴장한 말미잘은 촉수를 빠르게 되돌려 굴 안으로 사라졌다. 1975년에 마누엘은 이 말미잘을 과학계에 새로운 종으로 발표하는 논문을 발표했다. 어린 이벨의 이름은 이벨의말미잘Edwardsia ivelli이라는 새로운 동물의 발견자로 영원히 남게 되었다. 그런데 문제가 발생했다. 10년 뒤부터 석호에서 이벨의말미잘이 더 이상 발견되지 않았고 사람들은 1997년에 대대적인 탐색 끝에 이 말미잘의 멸종을 선언했다.

멸종은 열대우림이나 외딴 섬에만 국한되지 않는다. 바로 지금도 주변에서 일어나고 있다. 동물종들은 천천히 우리 주변에서 모습을 감추고 차례차례 사라지고 있다. 최근 영국의 야생동물 실태조사에서는 지난 200년간 영국에서 사라진 동물과 식물, 균류를 413종으로 추산했는데 다행히도 영국이 아닌 유럽의 다른 지역에 살아남아 있는 것들도 있었다. 그러나 이벨의말미잘은 오직 와이드워터 석호라는 한 장소에서만 존재했기 때문에 석호에서 사라지면서 영국 멸종 클럽의 회원이 될 수 있는 자격을 얻었다. 큰바다쇠오리와 큰뿔사슴, 털북숭이 매머드와 같은 여러 동물들처럼 한때 영국에서 발견되었지만 현재는 국제적으로 멸종했다는 명예를 공유하게 된 것이다.

· · ·

마크는 옥스퍼드대학교 자연사박물관 지하로 내려가며 나를 계
단의 미로로 이끌었다. 그는 열쇠로 문을 열었고 우리는 영혼의
저장고로 들어갔다. 선반에 현대식 밀폐 저장 용기 수백 개가 줄
지어 세워져 있었다. 각 용기에는 오래되고 약간은 불길해 보이
기도 하는 표본이 들어 있었다. 프랑켄슈타인 박사가 이케아에
서 가구를 구매했다면 그의 실험실이 바로 이런 모양이었으리
라. 인접한 방은 아직 정리 중이었고 선반에 드문드문 쌓인 모양
과 크기가 다양한 병 안에는 투명하거나 노르스름한 용액과 표본
이 들어 있었다. 마크는 화학물질로 얼룩진 테이블 위에 반구형
유리 마개가 달린 길고 좁은 병을 올려놓았다. 나는 손글씨로 적
힌 이름표를 읽기 위해 안경을 썼다. '이벨의말미잘Edwardsia ivelli,
1973년 9월 4일, 와이드워터 석호, 1/2~1m 깊이.' 안에는 75퍼
센트 에탄올 용액에 담긴 유리관 두 개가 있었고 에탄올 안에 떠
다니는 것은 아무것도 없었다. "제가 장담합니다. 분명 여기에
있어요." 마크는 이렇게 단언하고는 몸을 숙여 탐색에 참여했다.
"저기 아래에요." 나는 병을 저장고의 백열전구를 향해 높이 들어
올렸고 관 안에 떠 있는 예티의 머리카락보다도 얇고 구불구불한
선을 겨우 찾을 수 있었다. "이게 그건가요?" 나는 실망을 감출
수 없었다. 어린 시절 나의 상상 속에서 바위 사이의 작은 웅덩이

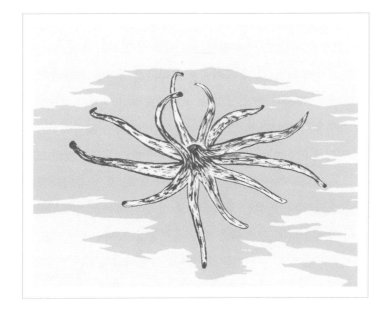

에 본체를 감춘 채 촉수로 먹이를 잡아먹던 말미잘은 딸기 크기의 두툼한 몸체를 가지고 있었다. 그런데 이게 말미잘이라니? 나는 사실 남섬코카코를 찾다가 포기한 뒤에 와이드워터 석호에서 내가 이벨의말미잘을 다시 발견할지도 모른다는 희망을 품고 있었다. 그러나 이 유리관을 본 뒤 내 얼굴 바로 몇 인치 앞에 있는 작은 관 안에서도 말미잘을 찾지 못했다는 사실에 자신감을 잃었다.

· · ·

그로부터 일주일이 지난 12시 3분 전. 나는 다시 부스 자연사박물관으로 돌아와 멸종동물의 진열장 앞에 멈추었다. 나는 1년 전 내 인생에 희망이 없다고 느껴졌던 시기에도 이곳에 서 있었다. 사라진 동물들로 구성된 이 불가능한 팀은 내가 찾고 있던 희망을 심어주었다. 멸종 이야기는 행복한 결말로 끝나는 경우가 드물다. 그럼에도 불구하고 이 박제 전시물들은 다시 세상에 대한 나의 관심을 불러일으켜 나를 지탱해주었고 삶의 의욕을 북돋아주었다.

나는 몸을 기울여 아직도 멸종 선반 위에 단호히 서 있는 '회색 유령' 남섬코카코와 눈을 마주했다. 나는 이미 수년 전에 사라진 무언가를 찾느라 시간을 낭비한 것일까? 나는 아직도 코카코가

뉴질랜드의 험준한 산 속에 숨어 살고 있다고 믿고 싶다. 남섬코
카코가 살아 있다는 믿음은 지구가 아직 우리를 견딜 수 있을 만
큼 충분히 크며 인류가 우리 행성을 완전히 망가트리지 않았다는
믿음과도 같기 때문이다. 하지만 나는 내 여정 중에 전혀 다른 곳
에서 희망을 발견했다. 나는 뉴질랜드에서 실종 50년 후에 나타
난 엉뚱한 보라색 새 타카헤를 만났다. 1991년 라오스 상점에서
잠시 등장한 손부르크사슴의 뿔과 2019년 페르난디나 섬에서 발
견되어 우리를 솔깃하게 만든 땅거북은 멸종되었다고 알려진 날
짜로부터 한참 뒤에도 동물들이 살아 있을 수 있다는 희망을 불
러일으켰다. 2019년과 2020년 사이에 다른 곳에서 발견된 베트
남작은사슴과 소말리아코끼리땃쥐, 콜롬비아의 별이빛나는밤할
리퀸두꺼비는 모두 이전까지 멸종 위기에 있었지만 살아 있는 자
들의 땅으로 돌아왔다. 여행 중에 나는 세계에서 가장 놀랍고 멋
진 박물관들을 방문했고 사람들이 우리 행성을 구하기 위한 행동
을 시작할 수 있도록 교육을 제공하고 격려하고 동기를 부여하는
중요한 임무를 수행하는 모습을 목격했다. 우리 앞에 다가올 생
물 다양성의 위기를 마주하면서도 나는 모든 것이 바뀔 수 있다
고 믿을 만한 충분한 신념을 얻을 수 있었다.

   부스 박물관의 멸종동물 진열장은 곧 해체될 운명이다. 진열장
은 새로운 전시물을 위한 자리를 만들기 위해 사라지고 표본들은
자신들만의 이야기를 간직한 채 뿔뿔이 흩어져 저장고로 되돌아

갈 것이다. 예전에 어떤 영화 한 편을 보았는데 알파치노가 등장해 사람이 어떻게 두 번 죽는지에 대해 나눈 대화 한 줄이 기억난다. 그 대화에 따르면 우리는 몸에서 생명이 빠져나갔을 때 한 번 그리고 그 이름이 마지막으로 불린 뒤에 또 한 번 죽는다. 나는 멸종동물들의 이야기를 보다 많은 사람들에게 전해 조금이라도 그들이 더 오래 살아남길 바란다.

그 활동의 일환으로 나는 박물관에서 소장품 목록을 만들고 지역과 국제 보존 문제에 경각심을 일으키는 공공행사를 돕는 자원봉사를 시작했다. 어느 오후에 나는 사무실에 앉아 박물관 직원과 함께 우리 지역 멸종동물의 상징인 이벨의말미잘에 관심을 갖고 있다고 이야기했고, 그에게 제럴드 레그 박사와 이야기해보라는 제안을 받았다. 제럴드는 최근에 부스 박물관의 자연과학 책임자 자리에서 은퇴했는데 아직도 자연사에 대한 열정이 대단했다. 그는 수년간 수중생물에 대한 수중 조사를 수행했으며 부스에서 나와 만난 뒤에 우리 집에서 가까운 석호로 향하는 탐험에도 합류하기로 동의했다. 우리의 목표는 길이 1.5센티미터의 아주 작은 생물이었고, 그마저도 진흙 속에 묻혀 있을 가능성이 높았다. 눈으로 찾을 수 있는 부분이라곤 반투명한 6밀리미터 길이의 촉수뿐이며, 그나마도 말미잘이 우리의 접근을 감지하면 재빨리 촉수를 집어넣을 것이다. 분명 쉽지 않은 임무겠지만 제럴드가 좋은 아이디어를 냈다. 일부 말미잘종은 자외선 불빛 아래서

형광빛을 낸다. 그러므로 밤중에 석호 위에 떠서 반짝이는 UV 불빛을 진흙 위에 비추면 말미잘의 촉수가 작은 네온빛 메두사처럼 반짝일 것이다. 불확실한 계획이었지만 우리에게는 이벨의말미잘을 찾을 수 있는 절호의 기회처럼 느껴졌다. 나는 제럴드의 의견과 긍정적인 자세가 마음에 들었고 이미 이베이에서 저렴하게 구매하고 한 번도 사용하지 않은 UV 손전등도 가지고 있었다. 이제 물에 뜰 수 있는 무언가만 있으면 된다.

"악어네." "응, 맞아. 악어인데 무슨 문제라도 있어?" 친구가 오늘 밤 조사에 사용할 만한 공기 주입식 매트리스를 빌려주기로 했기 때문에 나는 석호에 가는 길에 그녀의 집에 잠시 들렀다. 다만 문제가 있다면 친구가 빌려주기로 한 그 고무보트가 약 2미터 길이의 웃는 악어 모양이라는 것이었다. 당황스러웠지만 그녀는 나를 위해 특별히 공기를 넣어두었고 나는 은혜를 모르는 사람처럼 보이고 싶지 않았으므로 고마움을 표하고 악어를 차 안으로 쑤셔 넣었다.

나는 약속 시간보다 10분 일찍 석호에 도착했고 목조 주택 뒤로 여름 석양이 지며 사라지는 햇빛 속에 물고기를 잡는 가마우지를 관찰했다. 물가를 응시하며 나는 이벨의말미잘에게 무슨 일이 일어났는지 궁금해졌다. 소금기가 있는 이런 석호는 염도와 온도가 환경에 영향을 받기 쉽고, 오염에 취약한 섬세한 서식지다. 따라서 우리는 어느 시점에 이 석호의 서식환경이 이벨의말

미잘이 더 이상 살아남지 못할 정도로 변화했을 것이라고 추정할
수 있다. 우리의 환경은 변화하고 있으며 수백만 종을 빠르게 멸
종으로 이끌면서 미래를 위협하고 있다. 나는 한때 이곳에 살았
던 작고 투명한 말미잘에 우리의 운명을 투영해봤다. 말미잘은
자신의 세계에 일어나는 변화를 막을 힘이 없었지만 우리에게는
그런 힘이 있다.

• • •

경쾌한 차 경적소리에 나는 깜짝 놀라 고개를 돌렸고 제럴드가
모습을 드러냈다. 그는 준비해온 잠수복을 입고 단단한 패들보드
에 공기를 넣은 뒤 방수 UV 램프의 설정을 조정했다. 나는 내가
준비해온 싸구려 손전등과 내 차 뒷좌석에 있는 공기 주입식 악
어 고무보트에 대해서는 언급하지 않기로 결정했다. 10분 뒤에
제럴드는 석호를 가르며 수면에 얼굴을 가까이 대며 패들보드 위
에 엎드렸다. 그는 UV 램프로 눈앞의 석호 바닥을 비추며 물속을
꼼꼼히 훑었다.

　나는 머뭇거리며 물속을 헤치고 걸어갔다. 그리고 이리저리 깜
박이는 UV 손전등을 들고 물속을 비췄다. 손전등이 작은 은빛 물
고기 무리와 게에게 깜박깜박 미약한 파란빛을 뿌렸다. 해변에서
석호쪽으로 몇 미터를 걸어 들어가자 질퍽한 검은 진흙 속에 무

룹까지 잠기기 시작했다. 물은 내 생각보다 깊었고 발을 뗄 때마다 검은 침전물이 구름처럼 자욱하게 피어올랐다. 나는 질척임과 침전물 때문에 아무것도 할 수 없다는 것을 깨닫자 우울해졌고 깜깜한 바닥을 응시했다. 무의미한 행동이었다. 나는 시간을 낭비하고 있었다. 저 멀리에서 탐색 기술에 통달한 듯 보이는 제럴드가 머리를 들고 외쳤다. "바닥을 파헤치면서 걸으면 아무것도 안 보일 거예요. 물 위에 뜨셔야 해요."

나는 그의 충고를 받아들여 악어 보트를 타고 탐험을 다시 시작했다. 침전물을 휘저어 시야가 흐려지거나 짠물을 삼키지 않도록 신경 썼고 수면에 코가 닿을 정도로 가까이 엎드려 석호를 가로질렀다. 그리고 싸구려 UV 손전등을 손에 들고 검고 탁한 흙탕물 구름 위를 떠다니며 어둠 속에서 반짝이는 무언가를 찾아다녔다. 나는 결국 희망이란 그런 것이라 생각한다. 그리고 여기서 나의 이야기는 끝이 난다.

太平洋

대서양

영
(왼편

특징적인 종 위치 ●

1 엘데이 섬(큰바다쇠오리)
2 베링 섬(안경가마우지)
3 베링 섬(스텔러바다소)
4 오타고(고원모아)
5 타라루아 산맥(후이아)
6 히피 등산로(남섬코카코)
7 샌프란시스코(서세스블루)
8 핀타 섬(핀타섬땅거북)
9 모리셔스(도도)
10 태국 중부 지역(손부르크사슴)
11 와이드워터 석호(이벨의말미잘)

주요 박물관 ●

12 부스 자연사박물관
13 자연사박물관
14 트링 자연사박물관
15 덴마크 자연사박물관
16 LUOMUS 핀란드 자연사박물관
17 오타고 박물관
18 뉴질랜드 테 파파 통가레와 박물관
19 데니버크 역사전시관
20 캘리포니아 과학아카데미
21 미국 자연사박물관
22 옥스포드대학교 자연사박물관
23 혁명 대진화관

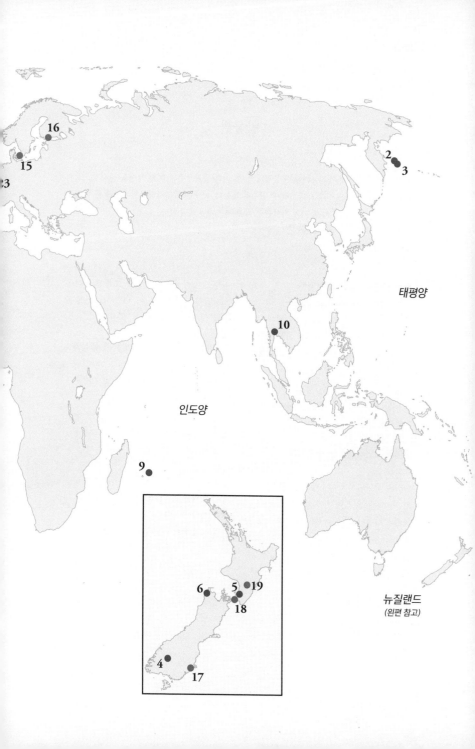

태평양

인도양

뉴질랜드
(왼편 참고)

박물관

세계 전역에는 수천 개의 자연사박물관이 있다. 이 박물관들은 우리의 역사를 관리함으로써 우리 행성이 더 나은 미래로 나아갈 수 있도록 돕는다. 가까운 자연사박물관을 방문해 여러분 만의 탐험을 시작해보시길. 아래 박물관은 이 책에서 다룬 곳들이다.

부스 자연사박물관, 브라이튼

brightonmuseums.org.uk/booth

에드워드 부스가 브라이튼 주민들에게 선사한 이 박물관은 현재 영국에서 가장 사랑받는 자연사박물관으로 손꼽힌다. 박제 표본의 사원 안에 자리한 부스의 진취적인 축소모형을 탐험해볼 수 있다. 남자 인어와 '두꺼비 미라', 진화와 보호활동에 관련된 현대 전시장도 있다.

덴마크 자연사박물관, 코펜하겐

snm.ku.dk

마지막 큰바다쇠오리의 장기와 '다른' 도도의 두개골이 있으며 한스 크리스티안 안데르센의 달팽이, 찰스 다윈의 따개비, 디플로도쿠스, 덴마크의 가장 외로운 거미가 포함된 '귀중한 것들'이 있는 전시관이 있다. 최고의 체험을 할 수 있는 진화 전시실도 있다.

트링 자연사박물관

www.nhm.ac.uk/visit/tring

런던 박물관에 부속된 멋진 빅토리아식 박물관이다. 시간을 거슬러 올라가 월터 로스차일드가 사랑한 땅거북을 포함한 놀라운 소장품을 탐험하고 '남자, 박물관 그리고 동물원'에 대해 좀 더 알아볼 수 있다.

LUOMUS 핀란드 자연사박물관, 헬싱키

www.luomus.fi/en

1,300만 종 이상의 표본과 시료를 소장품으로 보유한 박물관으로 핀란드에 있는 모든 자연사 소장품의 50퍼센트가 있는 곳이다. 인상적인 '뼈 이야기' 전시관에서 세계에서 가장 완전한 스텔러바다소 골격을 만날 수 있다.

오타고 박물관, 더니든

otagomuseum.nz

뉴질랜드 오타고 지역의 자연사와 문화를 반영하는 소장품들이 훌륭히 관리되고 있다. 모아를 비롯한 멸종 새종들의 환상적인 전시물을 비롯해 1876년에 멸종한 포클랜드늑대의 희귀한 표본을 만나볼 수 있다. 떠나기 전에 1달러를 기부하고 모아와 이야기할 수 있는 기회도 놓쳐선 안 된다.

자연사박물관, 런던

www.nhm.ac.uk

'자연의 대성당'이자 런던 관광의 백미라고 할 수 있다. 리처드 오웬의 모아 뼈 조각과 메리 애닝의 어룡, 디플로도쿠스, 큰바다쇠오리, 멘텔리사우르스를 비롯한 1천 종 이상의 자연사 보물을 만날 수 있다.

데니버크 역사전시관

뉴질랜드 데니버크 고든 거리 14

현지의 자원봉사자들이 애정으로 운영하고 유지하며 북섬 데니버크 소도시의 역사에 대해 해설해주는 훌륭한 지역 박물관이다. 지역의 마오리족 유산과 스칸디나비아 정착민들, 1917년 시내 중심가의 대화재 이야기를 들을 수 있다.

뉴질랜드 테 파파 통가레와 박물관

www.tepapa.govt.nz

박물관의 마오리어 이름인 '테 파파 통가레와'는 '여기 뉴질랜드의 어머니 자연에서 태어난 사람들과 귀중한 물건들이 있는 곳'이라는 뜻이다. 이 현대식 박물관에는 인상적인 뉴질랜드 역사와 자연사, 마오리족 문화의 전시관이 있다. 내가 가장 좋아하는 전시물은 현대 새 보존 활동의 상징인 카카포 정액받이 헬멧이다.

캘리포니아 과학아카데미, 샌프란시스코

www.calacademy.org

아카데미의 (녹색) 지붕 아래 온 행성이 들어 있는 듯 느껴진다. 나비로 가득한 열대우림과 아프리카 초원, 펭귄, 산호초, 천체 투영관, 4,600만 가지의 표본을 보유하고 있으며, 상호작용이 가능한 여러 체험 전시물을 탐험할 수 있다. 클로드라는 이름의 거대한 알비노 악어도 있다(물론 알비노 악어는 체험해 볼 수 없다).

미국 자연사박물관, 뉴욕

www.amnh.org

뉴욕의 거리를 벗어나 전 세계의 야생동물들의 한 장면을 전시하는 깜짝 놀랄 만한 축소모형에 푹 빠져볼 수 있다. 마스토돈과 운석, 광물들 사이를 거닐고 대규모 공룡 전시홀에 펼쳐진 놀라움에 감탄해보라.

옥스퍼드대학교 자연사박물관, 옥스퍼드

www.oumnh.ox.ac.uk

장관을 이루는 신고딕 건축물만으로도 이 박물관에 방문할 이유가 충분하다. 유리와 철제로 이루어진 장엄한 지붕 아래 화려하게 장식된 기둥과 기둥머리, 코벨의 건물에서 도도와 수장룡, 파빌랜드의 '붉은 숙녀' 뼈를 포함한 놀라운 전시물들의 원더랜드를 발견할 수 있다.

혁명 대진화관, 파리

www.jardindesplantesdeparis.fr/en

루브르는 잠시 잊어라. 동굴을 닮은 이곳 파리 식물원의 박물관은 진정한 예술 작품을 전시 중이다. 자연이 선사하는 다양함과 장관에 놀라움을 느끼고 멸종위기와 멸종 동물의 전시관으로 들어가 아름답지만 슬픈 전시물을 만날 수 있다.

구호단체

여러분이 사는 국가와 공동체, 지역 근처에 있을 자연보호 기관들은 야생동물 보호를 위한 당신의 지원에 감사할 것이다. 지금 그중 한 곳에 참여해보라. 아래 구호단체들은 특히 이 책에서 언급된 사안과 동물들과 관련된 곳이다.

버드라이프 인터내셔널
www.birdlife.org
조류와 모든 자연의 보호를 위해 중요한 장소와 서식지에 대한 엄격한 과학 활동과 프로젝트를 수행하는 조류 보호활동 분야의 세계적 선두주자다.

포레스트 앤드 버드
www.forestandbird.org.nz
뉴질랜드를 선도하는 자치 보호기관으로 뉴질랜드의 땅과 민물, 바다, 기후에 긍정적인 변화를 일으키고 있다.

갈라파고스 보호단체
www.galapagos.org
갈라파고스 섬의 독특한 생물다양성과 생태계를 보호하며, 연구와 관리를 지원하고 공공 정책을 알리고 지속 가능한 사회를 만들기 위해 노력하고 있다.

글로벌 와일드라이프 컨서베이션
www.globalwildlife.org
야생동물과 서식지를 보호하기 위해 전 세계의 동맹들과 직접적으로 협력한다. 멸종위협도가 높지만 간과되기 쉬운 종들, 우리 행성의 건강과 필수 관계인 생태계에 초점을 맞춘다.

남섬코카코 자선 신탁재단
www.southislandkokako.org
뉴질랜드의 '회색 유령' 남섬코카코를 발견하고 되찾아올 연구를 계획하고 편성하는 일에 헌신한다.

와일드라이프 신탁재단
www.wildlifetrusts.org
영국 전체를 담당하는 독립적인 야생동물 보호 자선단체 46개의 연합 단체다. 각 야생동물 신탁재단은 야생동물과 미래 세대에 긍정적인 변화를 일으키기 위해 모인 사람들이 설립한 자치 자선단체다.

월드랜드 신탁재단
www.worldlandtrust.org
세계에서 가장 생물학적으로 중요하고 위협받는 서식지에 대한 영구적인 보호를 에이

커 단위로 제공하며, 전 세계의 동맹과 공동
체와 협력한다.

서세스 소사이어티

www.xerces.org

과학을 기반으로 무척추동물과 그 서식지를
보존해 야생동물을 보호하는 이 비영리 단
체의 활동으로 서세스블루 나비는 영원히
살아 숨 쉬고 있다.

＊이 책의 판매로 발생하는 원저자의 모든 저작권료는 버드라이프 인터내셔널에 기부됩니다.

감사의 말

나에게 영감을 주고 격려를 아끼지 않았으며, 멸종 동물 여행에서 도움을 주었거나 나를 안내해준 모든 사람들과 파충류에게 감사를 보낸다. 클레어 블렌코우, 루이스 메이휴, 로리 잭슨, 마크 그레코, 헬렌 버지스, 루 엣킨스, 올리비아 오드리스콜, 로저와 사라 프로스트, 손 클랜시, 팀 파멘터 그리고 나의 애완 거북 투틀.

내가 글을 쓰기로 결심할 때까지 나를 바나나빵과 격려로 응원해준 (리핑헤어 출판사의) 모니카 페르도니가 없었다면 이 책은 나올 수 없었을 것이다. 또한 인내심 강한 편집자 로라 불벡과 콰트로 팀에게도 고맙다는 말을 전한다. 아름다운 삽화로 동물들에게 생명을 불어넣어준 제이드 데이에게도 감사한다.

기꺼이 지식과 연구내용을 공유해주고 시간을 내준 전 세계의 박물관 직원과 과학자, 박물학자들에게도 은혜를 입었다. 이들 모두에게도 감사의 인사를 전한다. 그레이스 브린들, 존 쿠퍼, 케리 커즌, 리 이스마일과 사라 윌슨(부스 자연사박물관), 제시카 베번 토마스(스완지대학교), 피터 A. 호스너(덴마크 자연사박물관), 마크 아담스(트링 자연사박물관), 준야 와타나베(캠브리지대학교), 알렉

산더 알레이슈와 마르티 힐덴(핀란드 자연사박물관), 케인 플뢰리
(오타고 박물관), 빌 잭슨(허니콤힐 동굴), 샤메인 피터하이트(응아루
아 동굴), 데리 킹스턴(히피 등산로), 낸시 워즈워드(데니버크 역사전
시관), 콜린 미스켈리(뉴질랜드 테 파파 통가레와 박물관), 데이비드 베
트만, 크리스 그린터, 로렌 A. 쉐인버그(캘리포니아 과학아카데미),
산드라 채프먼, 크리스 래퍼와 플로린 페네루(자연사박물관, 런던),
라이언 미첼, 마크 카널, 에일린 웨스트위그(옥스퍼드대학교 자연사
박물관), 게리 갈브레스(노스웨스턴대학교), 니키 맥아더, 조지와 키
나 깁스, 리암 오브라이언, 제랄드 레그, 랄프와 클레어 휘슬러.

우리가 잃어버린 생명들, 그 흔적을 따라 걷다
사라진 동물들을 찾아서

초판 1쇄 발행 2022년 9월 7일
초판 2쇄 발행 2023년 6월 22일

지은이 마이클 블렌코우
그린이 제이드 데이
옮긴이 이진선
펴낸이 성의현
펴낸곳 (주)미래의창

편집주간 김성옥
기획 및 진행 김윤하
교정/교열 정보라
디자인 공미향
홍보 및 마케팅 연상희·이보경·정해준·김제인

출판 신고 2019년 10월 28일 제2019-000291호
주소 서울시 마포구 잔다리로 62-1 미래의창빌딩(서교동 376-15, 5층)
전화 070-8693-1719 **팩스** 0507-1301-1585
홈페이지 www.miraebook.co.kr
ISBN 979-11-92519-11-1 03470

※ 책값은 뒤표지에 있습니다.

생각이 글이 되고, 글이 책이 되는 놀라운 경험. 미래의창과 함께라면 가능합니다.
책을 통해 여러분의 생각과 아이디어를 더 많은 사람들과 공유하시기 바랍니다.
투고메일 togo@miraebook.co.kr (홈페이지와 블로그에서 양식을 다운로드하세요)
제휴 및 기타 문의 ask@miraebook.co.kr